NIE ECO SPECIAL 03

DMZ

생태로 만나는 **디엠지 이야기**

도서 개발에 참여한 **국립생태원 연구원**

박진영, 서형수, 신현철, 이윤경, 엄순재

NIE ECO SPECIAL 03

생태로 만나는 디엠지 이야기

발행일 2022년 12월 15일 초판 1쇄 발행 / 2023년 12월 15일 초판 2쇄 발행

엮음 국립생태원

발행인 조도순

책임 편집 유연봉 | **편집** 최유준

본문 구성 · 진행 디자인집(진유정, 김정선)

디자인 디자인집(김혜령) | **그림** 하ㅗ고, 김민호, 서지연

원고 국립생태원(박진영, 서형수, 신현철, 이윤경, 엄순재), 참생태연구소(오대현), 이화여자대학교(구교성), 고수생태계연구소(고명훈), 에코벅스(권혁영), 한국동굴생물연구소(최용근)

사진 국립생태원(박진영, 서형수, 도재화, 유승화, 이윤경, 엄순재), 안진갑, 참생태연구소(오대현), (사)한국물새네트워크(신주열), 서울대학교(장병순), 이화여자대학교(구교성), 이재원, 고수생태계연구소(고명훈), 이흥헌, 에코벅스(권혁영), 한국동굴생물연구소(최용근), 올어바웃, 정승익

발행처 국립생태원 출판부 | **신고번호** 제458-2015-000002호(2015년 7월 17일)

주소 충남 서천군 마서면 금강로 1210 / www.nie.re.kr

문의 041-950-5999 / press@nie.re.kr

ⓒ 국립생태원 National Institute of Ecology, 2022
ISBN 979-11-6698-169-2 04400
　　　979-11-88154-86-9 (세트)

- 국립생태원 출판부 발행 도서는 기본적으로 「국어기본법」에 따른 국립국어원 어문 규범을 준수합니다.
- 동식물 이름 중 표준국어대사전에 등재된 경우 해당 표기를 따랐으며, 우리말 표기가 정립되지 않은 해외 동식물명과 전문용어 등은 국립생태원 자체 기준에 의해 표기하였습니다.
- 고유어와 '과(科)'가 합성된 동식물 과명(科名)은 사이시옷을 불용하는 국립생태원 원칙에 따라 표기하였습니다.
- 두 개 이상의 단어로 구성된 전문 용어는 표준국어대사전에 합성어로 등재된 경우에 한하여 붙여쓰기를 하였습니다.
- 이 책에 실린 글과 그림의 전부 또는 일부를 재사용하려면 반드시 저작권자와 국립생태원의 동의를 받아야 합니다.

※ 이 책에 실린 모든 글과 그림을 저작권자의 허락 없이 무단으로 사용하거나 복사하여 배포하는 것은 저작권을 침해하는 것입니다.

NIE ECO SPECIAL 03

DMZ

생태로 만나는 **디엠지 이야기**

국립생태원
NIE PRESS

CONTENTS

NIE ECO SPECIAL 03
생태로 만나는 **디엠지 이야기**

PROLOGUE

008 발간사
010 키워드로 읽는 DMZ
018 DMZ 생태조사·연구 개요

SECTION 1   아픔의 땅, DMZ

024 DMZ 개관
026 한눈에 보는 DMZ
032 권역별 특징
038 숫자에 얽힌 DMZ 이야기
042 DMZ 7문 7답

SECTION 2
생명의 땅, DMZ

- 048 DMZ 일원의 식생과 식물
- 066 DMZ 일원의 포유류
  - 무인센서카메라에 포착된 포유류
- 084 DMZ 일원의 조류
  - 두루미 탐구생활
- 108 DMZ 일원의 양서·파충류
- 114 DMZ 일원의 육상곤충
  - 비하인드 에피소드
- 124 DMZ 일원의 어류
- 138 DMZ 일원의 저서성대형무척추동물
- 148 DMZ 일원의 거미
- 156 환경유전자 eDNA

SECTION 3
희망의 땅, DMZ

- 164 DMZ 문화지대
- 172 DMZ와 사람들
- 178 DMZ의 내일
- 182 세계가 주목하는 DMZ

APPENDIX
부록

- 194 DMZ를 둘러싼 한반도 주요 사건
- 196 용어 색인
- 200 참고 문헌 및 사이트, 이미지 협조

Prologue 발간사

북녘 땅이 보이는 강원도 고성의 해안가

민족의 비극이었던 한국전쟁이 발발한 지
반세기가 훌쩍 넘어가고
어느덧 정전협정 70주년을 앞두고 있습니다.

전쟁을 몸소 체험한 이들은 하나 둘 사라지고
어렴풋이 기억하고 전해 들은 이들이 훨씬 많아진 지금,
금단(禁斷)의 땅이 된 DMZ는 어떤 모습일까요.

국립생태원은 2015년부터 2020년까지
DMZ와 민통선이북지역의 생태계를 조사하고
분석하는 작업을 계속해왔습니다.

그 결과, DMZ 일원의 생태계는
우리의 생각보다 훨씬 잘 보존·회복되어 있으며
앞으로 체계적인 보전 노력이 더해진다면
그 역사적, 생태적, 문화적 가치가 무궁무진할 것이라는
결론에 이를 수 있었습니다.

아무쪼록 『에코스페셜 3 - 생태로 만나는 디엠지 이야기』를 통해
독자 여러분들도 DMZ 일원의 자연이 어떤 모습인지 확인하고,
왜 그것을 지켜야 하며, 또 어떻게 지켜야 할지
공감하는 시간을 갖게 되길 기대해봅니다.

특별히 국내외 정치적 상황과 기상 이변, 위험지역 출입 등
여러 가지 어려움 속에서도 관련 조사를 위해 헌신한
조사자 및 관계자 분들의 노고에 박수를 보냅니다.

국립생태원장 조 도 순

긴장

마치 이곳이
한때 아픔의 땅이었다는
사실을 잊지 말라는 듯,
곳곳에 나타나는
경고의 표지판.

끝나지 않은 전쟁은 그렇게,
아직 우리 삶의 지척에
있음을 깨닫는다.

철원의 비무장지대 길 ⓒ 올어바웃, 『about dmz:액티브 철원』

고요

쉴새 없이 울려대던
포화와 총성 너머로
마침내 찾아온 고요의 시간.

자연은 느리지만
한 발짝씩
회복의 걸음을 내디뎌
스스로 치유의 길에
나섰다.

Prologue 키워드로 읽는 DMZ

생명

이념이라는 대의명분 아래
생명이 짓밟히고
인간의 이해관계에 의해
인적이 사라진 곳.

참으로 아이러니하게도
바로 그곳에서
생명은 더욱 다양하고
풍요로워졌다.

평화

지도 위에 그어진
선을 따라 말뚝이 박히고
철책이 세워졌다.

그러나 먹이와 쉼터를 찾아
자유로이 날아다니는
철새들에게
그것은 아무런 장애물이
되지 않는다.

분단의 선을 넘어 자유롭게 오가는 두루미 ⓒ정승익

Prologue　　　DMZ 생태조사·연구 개요

보전의
근간이 되는

생물다양성을
확인하다

'보존'(preservation)과 '보전(conservation)'은 의미상 차이가 있다. 전자가 구조적 특징에 중점을 두어 '그대로 존속하도록 보호하는 것'을 의미한다면, 후자는 기능적 특징에 무게를 두어 '고유의 역할과 무형의 가치를 지켜나가는 것'을 뜻한다. 즉, 생물다양성의 보전은 이를 구성하는 생물들의 보존을 전제로 이루어지며, 보존을 위해서는 생태조사가 필수적이다. 특히 남북생태축, 동서생태축, 연안생태축을 포함하는 국가 핵심 생태축인 DMZ의 지속 가능한 이용 및 보전을 위해서는 생태조사가 반드시 필요하다. DMZ 일원은 자연생태의 기후변화 적응 시 최소한의 완충역할을 할 수 있는 지역이자 멸종위기 야생생물의 중요한 서식지이기 때문에 조사·연구는 더욱 중요하다.

두타연 계곡

DMZ
생태조사 경과

DMZ의 첫 생태조사는 2008년 파주, 연천의 서부지역과 2009년 연천, 철원의 중부지역에서 수행되었다. 그러나 2010년 3월 26일 천안함 피격 사건 등이 발생하면서 남북관계가 매우 경색되어 최전방인 DMZ에서의 조사는 잠정 중단되었다. 이후 2012년 조사가 재개되어 국립환경과학원이 민통선이북지역을 대상으로 2013년까지 조사를 진행하였으며, 2014년부터는 국립생태원에서 조사를 수행하였다. 국립생태원은 2014년 민통선이북 서부지역(파주, 연천) 조사를 마무리하고 2015년부터는 DMZ 일원의 생태계 유형을 고려하여 조사권역을 5개로 구분하였고 2020년까지 매년 1개 권역씩 조사하였다.

13년만에 다시 시작된
DMZ 동부지역 생태조사

2009년 이후 실시하지 못한 DMZ 양구, 인제, 고성의 동부지역 조사가 2021년 국방부와 유엔사령부 협조로 재개되었다. 그간 지형, 식생, 식물, 포유류, 조류, 양서·파충류, 육상곤충, 거미류, 어류, 저서성대형무척추동물 10개 분야를 대상으로 했으나, 2021년부터는 접근이 어려운 DMZ 특성상 eDNA를 이용한 시범 연구도 함께 수행했다. 이로써 동서 한반도의 중요한 생태축인 DMZ 생태조사가 1차 마무리되었고, 2022년 2차 조사는 파주, 연천의 서부임진강권역을 대상으로 수행하고 있다. 생태조사는 봄부터 겨울까지 실시하고, 겨울철 조사는 분류군 특성상 조류와 포유류만 진행하나 군부대 사정 및 작전 환경에 따라 변동이 있다. 또한 DMZ는 출입 인원 제한이 있어 10~15명, 민북지역은 20~25명으로 조사단이 꾸려진다.

2018년 철원 화살머리 조사

Prologue

DMZ 생태조사·연구 개요

DMZ 화살머리 고지 일대

고성 DMZ 내부 전경

2022년 서부 DMZ 조사자 합동 사진

DMZ 일원 생태조사를 위한
절차와 성과

DMZ와 민북지역은 모두 군사보호구역에 속하기 때문에 민간인 출입을 위해 여러 단계의 행정적 절차를 거쳐 허가를 받아야만 생태조사가 가능하다. 먼저 국방부와 유엔사령부 군사정전위원회(군정위, United Nations Command Military Armistice Commission, UNCMAC)에 조사사업에 대한 사전 설명과 논의를 거쳐야 하고, 그다음 출입자들의 신원 조회(최소 2개월 전 국방부 요청) 후, 조사 경로 접근 가능 여부와 조사에 사용되는 무인생태관찰장비 설치 가능 여부, 조사 장비 등에 대한 작전성 검토를 최소 2개월 전 관할 사단에 요청해야 한다. 검토가 완료되면 관할 사단을 통해 군정위(UNCMAC)에 행정서류를 제출하여 출입 신청을 한다.

사전 조치를 완료하면 통문 입구에서 출입 인원 신원과 장비를 확인하고, 필요에 따라 방탄모와 방탄조끼 등을 착용한 상태로 사단 수색대대(DMZ 작전 수행 군인) 및 군정위에서 파견된 담당자들의 경호를 받으며 현장조사를 수행하게 된다. 모든 조사는 17시 이전에 완료해야 하며, 현장에서 사용된 카메라 등 자료에 대한 보안성 검토와 출입 인원 신원과 장비 확인 후 복귀하게 된다. DMZ 생태조사를 위해서는 출입 신청을 위한 사전준비만 3개월이 걸리며, 매우 제한된 경로에서 연구자들과 경호대원들 간 적절한 간격을 유지한 채 조사를 수행하게 된다.

이렇듯 DMZ와 민북지역 생태조사 허가를 위해서는 사전에 많은 준비와 시간이 필요한데, 그에 비해 조사 경로, 시간, 장비 등은 매우 제한적이다. 그럼에도 불구하고 국립생태원 조사·연구팀은 여러 가지 성과를 거두었다. 먼저 「DMZ 일원의 생물다양성 종합보고서」, 「민통선이북지역 보고서」, 「2015~2020년 민통선이북지역 생태계 조사 종합정리 보고서와 자료집」을 발간했다. 전 국토 면적의 1.13%에 불과한 민북지역에서 멸종위기 야생생물 44종(I급 7종, II급 37종) 포함 우리나라 전체 생물종의 16.5%인 4,315종을 확인한 것이다. 또한 민북지역의 생태계 우수지역 평가를 통해 총 39개 경로 중 12개 우수, 26개 양호를 확인하고 우선적 보호가 필요한 6개 경로를 도출했다. 무엇보다 고성지역 조사에서는 군과 협력한 무인센서카메라에 새끼곰(2018년)과 성체(2020~21년)가 담겨 DMZ 반달가슴곰의 번식·서식을 확인하였다. 앞으로도 다음 세대를 위한 DMZ 보전의 근간을 위해, 여러 어려움이 있더라도 생물다양성을 확인하는 생태조사는 지속적으로 수행할 것이다.

SECTION 1

024　DMZ 개관
026　한눈에 보는 DMZ
032　권역별 특징
038　숫자에 얽힌 DMZ 이야기
042　DMZ 7문 7답

아픔의 땅,
DMZ

아픔의 땅, DMZ   DMZ 개관

DMZ와 DMZ 일원 바로알기

DMZ의 정의

DMZ는 비무장지대를 의미하는 DeMilitarized Zone의 약자로, '군대를 주둔시키거나 무기 배치, 군사 시설 설치 등을 하지 않는 지역'이라는 뜻이다. 공간적 개념인 DMZ를 이해하기 위해서는 먼저 군사분계선과 북방한계선, 남방한계선이라는 세 개의 선에 대해 알아야 한다.

MDL(Military Demarcation Line, 군사분계선)
한반도에서 6.25 전쟁 이후 정전협정을 통해 정한 지도상의 군사경계선. 철책 등으로 이루어지지 않고 1,292개의 말뚝이 동서로 설치되어 있다.

NLL(Northern Limit Line, 북방한계선)
MDL로부터 북쪽으로 약 2㎞ 후퇴하여 설치한 경계선으로, 북한이 관리한다.

SLL(Southern Limit Line, 남방한계선)
MDL로부터 남쪽으로 약 2㎞ 후퇴하여 설치한 경계선으로, 남한이 관리한다.

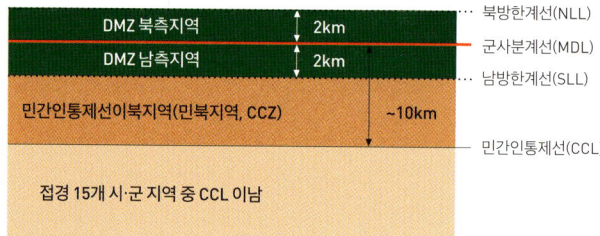

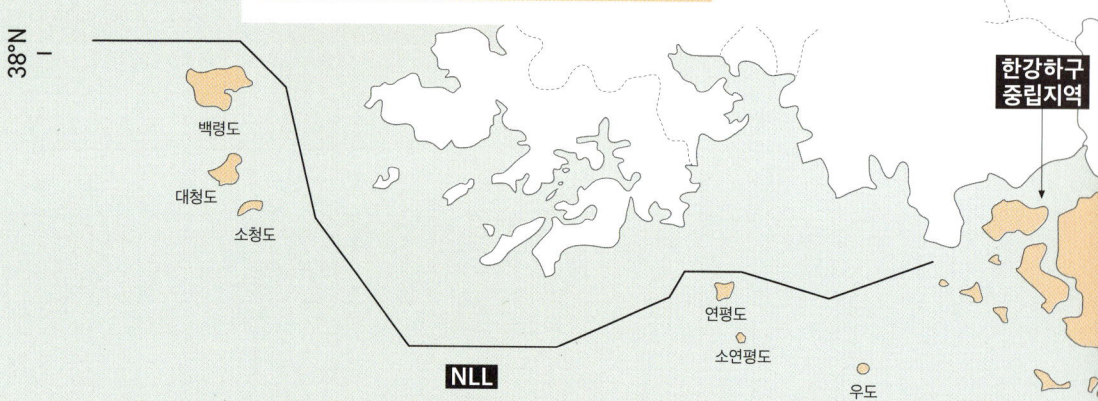

DMZ 일원의 개념

DMZ 주변은 본래 민간인의 농사 행위를 규제하기 위한 귀농한계선으로 설정했던 민간인통제선까지와 그 인근인 접경지역으로 이루어지는데, 이를 모두 아울러 'DMZ 일원'이라고 한다.

CCL(Civilian Control Line, 민간인통제선)
MDL로부터 남쪽으로 10km 이내로 지정되어 있다.

CCZ(Civilian Control Zone, 민간인통제선이북지역)
남방한계선에서 민간인통제선까지의 지역.

BLA(Border Line Area, 접경지역)
DMZ 또는 해상 북방한계선과 잇닿아 있는 10개의 시군(강화군, 옹진군, 김포시, 파주시, 연천군, 철원군, 화천군, 양구군, 인제군, 고성군)과 민통선이남지역 중 민간인통제선과의 거리 및 지리적 여건 등을 기준으로 하여 대통령령으로 정하는 5개 시군(고양시, 양주시, 동두천시, 포천시, 춘천시)을 포함해 총 15개 시군을 일컫는다.

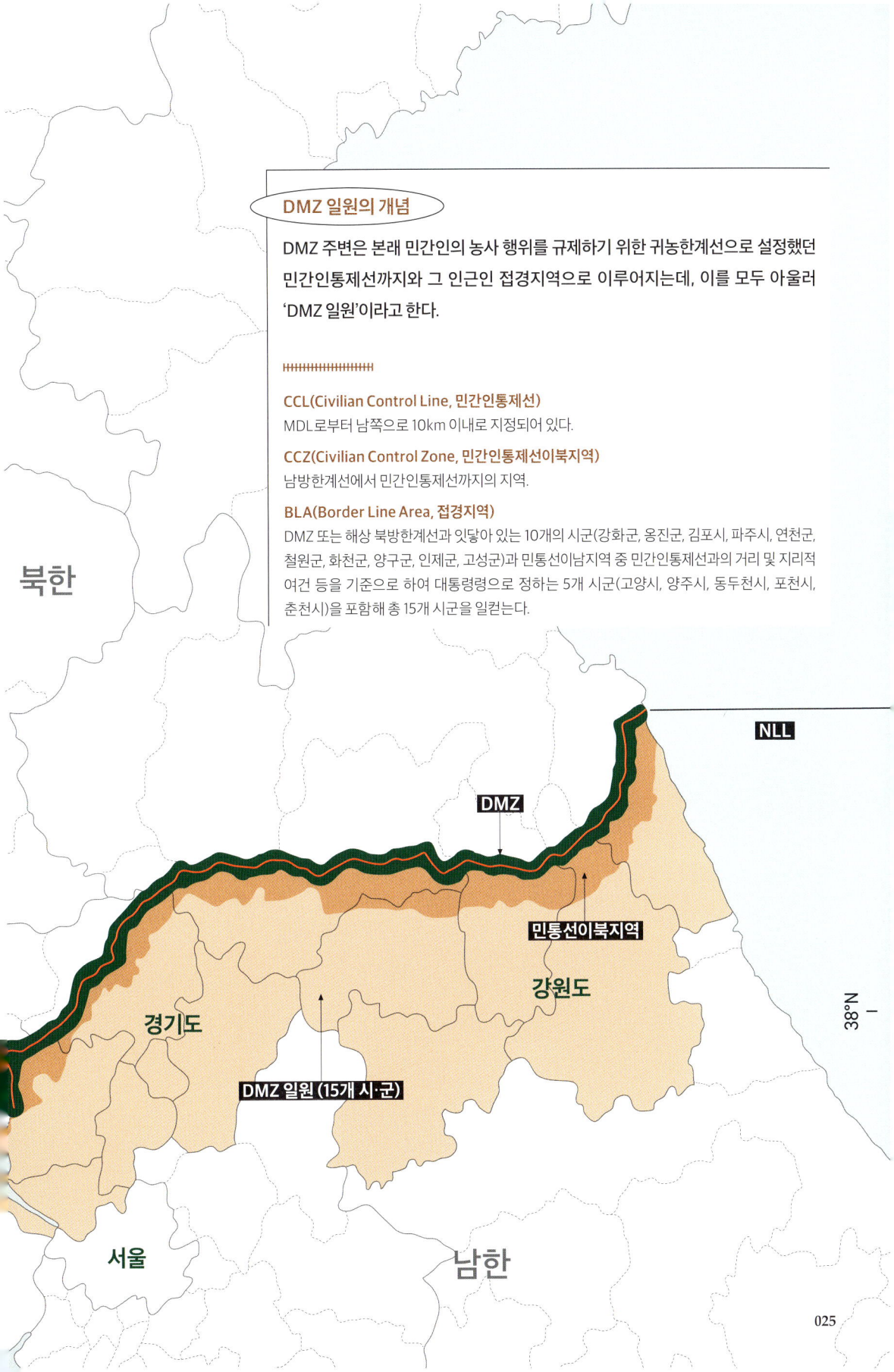

DMZ 일원의 생태·문화 지도

정전협정으로 설정된 155마일(약 248㎞)의 군사분계선 너머는 이제 우리의 발길이 닿지 않는 미지의 땅이 되어버렸다. 그렇다면 군사분계선 아래로 남방한계선을 지나 민간인통제선에 이르기까지 이른바 '민간인 통제지역'에는 어떤 것들이 있을까. 자연과 어우러진 DMZ 일원의 주요 생태·문화를 지도로 담아보았다.

수역 | 3개의 강(임진강, 한탄강, 북한강), 3개의 하천(사미천, 수입천, 인북천)
조망시설 | 9개(애기봉전망대, 도라전망대, 태풍전망대, 열쇠전망대, 철원평화전망대, 승리전망대, 칠성전망대, 을지전망대, 고성통일전망타워)
깃대종 | 6종(두루미, 재두루미, 산양, 사향노루, 버들가지, 반달가슴곰)

DMZ 일원의 주요 생태 통계

국립생태원은 2015년~2020년까지 민통선이북지역을 5개 권역(서부임진강하구, 서부평야, 중부산악, 동부산악, 동부해안) 39개 조사경로로 나누어 여덟 개의 분류군 생물상을 조사하였다. 조사 결과의 주요 통계는 다음과 같다.

민통선이북지역 전체 생물 종 수

우리나라 전체 생물 종 수
26,171 종

5개 조사권역 생물 종 수
4,315 종
(16.5%)

분류군	전체	민통선이북	비율
식물상	4,576	1,126	(24.6%)
포유류	89	24	(27.0%)
조류	537	145	(27.0%)
양서·파충류	53	29	(54.7%)
육상곤충	18,638	2,283	(12.2%)
어류	213	81	(38.0%)
저서성대형무척추동물	1,172	334	(28.5%)
거미	883	293	(32.8%)

민통선이북지역 멸종위기종 수 | 멸종위기 I급 **7**종 | 멸종위기 II급 **37**종 *

* 멸종위기종 물방개와 물장군은 육상곤충과 저서성대형무척추동물 분야에서 중복되어 37종으로 합계 수정

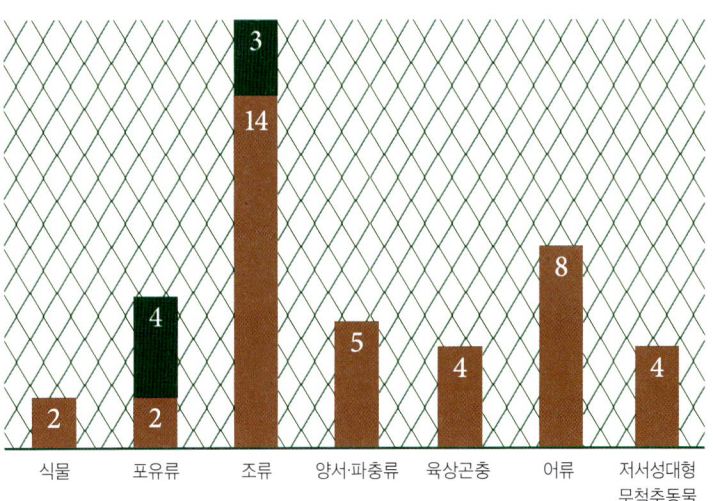

민통선이북지역 한국 고유종 수 **138**종

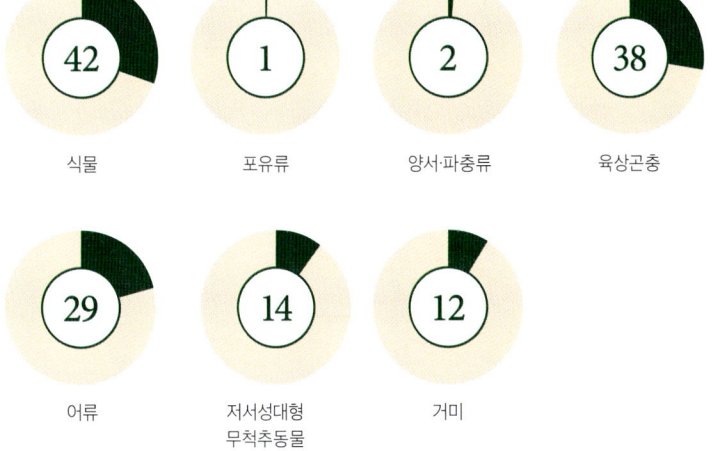

민통선이북지역 생태계교란생물종 수

15 종

 식물 8

 육상곤충 5

어류 2

민통선이북지역의 행정구역별 면적

1,111.88 km²

- 경기도
- 강원도

가장 넓은 철원군 308.28

147.07
103.29
190.02
120.95
144.71

가장 좁은 파주시 97.56

파주시 · 연천군 · 철원군 · 화천군 · 양구군 · 인제군 · 고성군

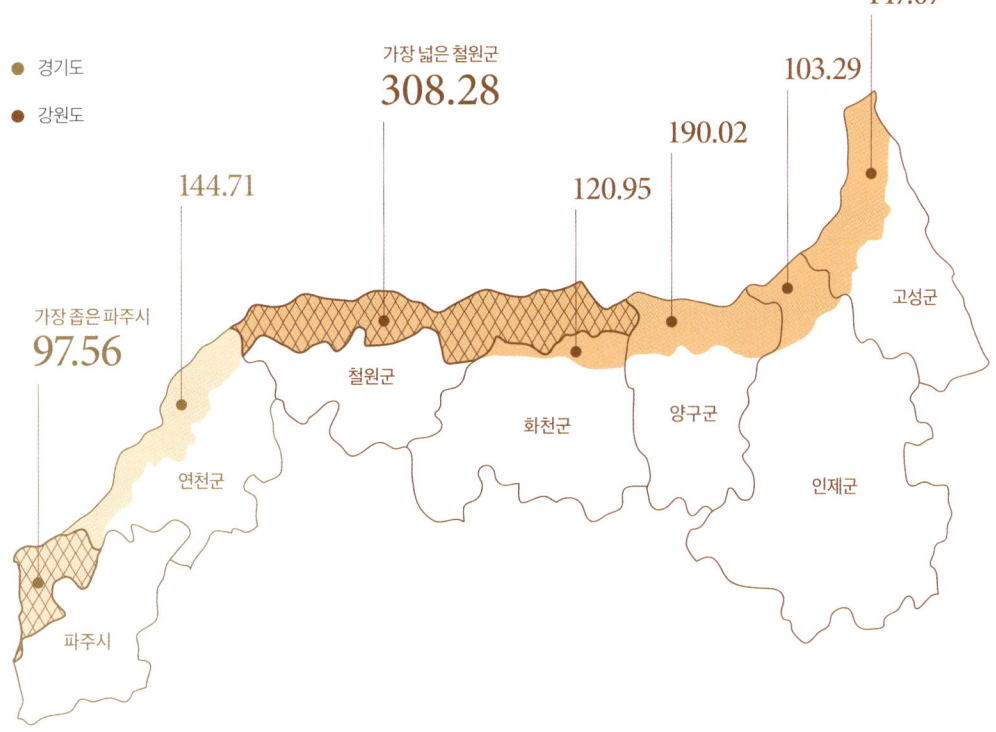

서부권역

서부권역은 임진강하구~한탄강까지의 지역으로, 크게 서부임진강하구권역과 서부평야권역으로 나눌 수 있다. 서부임진강하구권역은 하천지형이 대표적이고, 서부평야권역은 화산지형이 나타난다. 국립생태원에서 2017년과 2019년 현장조사를 실시했으며 대상이 된 DMZ 구간은 총 187.81㎞, 민통선이북지역 면적은 333.72㎢이다. 서부권역은 전체 분류군에서 종 출현이 가장 많았는데, 멸종위기 야생생물과 외래종도 가장 많이 서식하는 것으로 확인되었다. 특별히 사미천이 흐르는 경기 연천군 백학면의 두현리 경로는 두루미, 남생이, 돌상어, 노란잔산잠자리가 서식하는 생태우수지역이며, 연천군 중면의 빙애 경로도 임진강 상류의 다양한 지형 속에 다수의 멸종위기 조류와 한국 고유종이 확인되었다. 강원 철원군 동송읍의 토교 경로 또한 멸종위기 야생생물 Ⅰ급인 두루미의 최대 월동지이면서 흰꼬리수리, 새호리기, 벌매, 독수리 등의 서식이 확인되어 우선 보호조치가 필요한 상황이다.

남생이 ⓒ 한반도의 생물다양성

두루미 ⓒ 한반도의 생물다양성(시더스넷)

벌매 ⓒ 한반도의 생물다양성(김성현)

노란잔산잠자리 ⓒ 한반도의 생물다양성(정광수)

흰꼬리수리 ⓒ 한반도의 생물다양성(김현태)

중부권역

중부권역은 한탄강~북한강까지의 지역으로 산악지형이 대표적이지만, 산지와 하천, 화산 등 다양한 종류의 지형이 나타나는 곳이다. 국립생태원에서 2018년 현장조사를 실시했는데 대상이 된 DMZ 구간은 총 84.64㎞, 민통선이북지역 면적은 310.19㎢이다. 다른 권역에 비해 한국 고유종의 서식이 가장 많이 확인(138종)되기도 했다. 특별히 호소성 습지와 편상절리 등 보전 가치가 높은 지형을 가진 강원 철원군 김화읍의 성제산 경로에서는 두루미, 재두루미, 분홍장구채를 비롯해 남대천 상류에 서식하는 묵납자루, 가는돌고기가 확인되었다. 또 강원 화천군 화천읍 고둔골 경로는 국제적 멸종위기종인 사향노루, 산양이 서식하는 생태우수지역이라 민간인통제선 북상과 개발로부터의 보호가 반드시 필요해 보인다.

사향노루 ⓒ 한반도의 생물다양성(한상훈)

산양 ⓒ 한반도의 생물다양성

분홍장구채 ⓒ 한반도의 생물다양성(한병우, 박상무)

가는돌고기 ⓒ 한반도의 생물다양성(변화근)

묵납자루 ⓒ 한반도의 생물다양성(변화근)

산양

재두루미 ⓒ 한반도의 생물다양성(시더스넷)

동부권역

동부권역은 북한강~동해까지의 지역으로 크게 북한강에서 인북천까지의 산악권역, 인북천부터 고성 앞바다까지의 해안권역으로 나뉜다. 국립생태원에서 2015년과 2016년 현장조사를 실시했으며 대상이 된 DMZ 구간은 총 146.21㎞, 민통선이북지역은 489.37㎢이다. 산악권역은 두타연으로 대표되는 산지 하천지형이 나타나는 것으로 확인했으나, 해안권역은 안타깝게도 지형조사가 이루어지지 않았다. 특별히 강원 고성군 현내면의 지경천 경로는 상류 계곡부에 보전 가치가 높은 오리나무군락이 분포되어 있고, 남강 일대에 멸종위기 야생생물 Ⅱ급인 버들가지가 서식 중이다. 이밖에도 물장군, 벌매, 참매, 새호리기 등 멸종위기 야생생물도 다수 확인되었는데, 벌채 같은 인위적인 교란에 취약해 훼손이 우려된다.

참매 ⓒ 한반도의 생물다양성(김성현)

버들가지 ⓒ 한반도의 생물다양성(채병수)

물장군 ⓒ 한반도의 생물다양성(서재화 외)

새호리기 ⓒ 한반도의 생물다양성

오리나무 ⓒ 한반도의 생물다양성(현진오)

037

숫자로 알아보는
한반도 DMZ

> "바다에서는 배들이 북한의 잿빛 물에서부터 퇴각을 하고
> 은빛 비행기들은 그들의 비행장에 조용히 내려앉았다. 이제 전쟁은 없다.
> 그러나 평화도, 승리도 없다. 이것이 휴전이다."
>
> - 페렌바크(T.R. Ferhenback), 『이런 전쟁(This Kind of War)』 중에서

전쟁도 평화도 승리도 없는 땅, DMZ.
하지만 그 안에는 잊을 수 없는 역사, 냉전이 만들어낸
천혜의 자연과 그 가치를 조사하는 연구자들의
이야기들이 담겨 있다.

12분 MIN

정전협정 최종 회담 시작에서 서명까지 걸린 시간

1953년 7월 27일 오전 10시 판문점, 정적이 감도는 테이블을 사이에 두고 유엔군 사령관 마크 클라크와 조선인민군 최고사령관 김일성, 중국 인민지원군 펑더화이 대표가 함께 모였다. 3년여에 걸쳐 큰 피해를 남긴 한국전쟁의 종지부를 찍기 위해... 153차례의 회담을 거쳐 인도의 제안으로 체결된 정전협정 문서에 서명하기까지 단 12분. 그 짧은 시간 이후 총성은 멈췄지만, 군사분계선이 한반도의 허리를 가로지르며 DMZ라는 가슴 아픈 숙제를 남겼다. 지금까지도 휴전선과 비무장지대가 남아있고, '가장 긴 휴전기간'이라는 불명예스러운 기네스 기록을 갖게 되었다.

15 개 시군

DMZ와 인접한 접경지역

우리는 분단 국가에 살고 있지만, 일상생활에서 분단을 체감하기란 어렵다. 그러나 분단이 과거가 아니라 현실과 밀접한 이들이 있으니, 바로 DMZ가 탄생시킨 새로운 공간 접경지역에 사는 사람들이다. 우리나라는 '접경지역 지원 특별법'에 근거해 세 가지 기준에 따라 접경지역의 범위를 규정하고 있다. 여기에 해당되는 곳은 행정구역상 인천광역시(강화군, 옹진군), 경기도(고양시, 김포시, 동두천시, 양주시, 파주시, 포천시, 연천군), 강원도(춘천시, 고성군, 양구군, 인제군, 철원군, 화천군)의 15개 시군이다.

DMZ 내 남·북한의 두 마을간 거리

일반인은 출입이 어렵다고 알려진 DMZ 안에도 마을이 있다. 정전협정 당시 남북이 DMZ 내에 민간인 거주지를 한 곳씩 두기로 합의했기 때문이다. 이에 따라 남한쪽에는 대성동 자유의 마을, 북한쪽에는 기정동 평화의 마을이 생겼다. 놀랍게도 두 마을의 거리는 불과 800m. 날씨가 화창한 날에는 서로 마을의 모습을 볼 수 있고, 높게 솟아 있는 기정동 마을의 국기게양대가 눈에 들어올 정도로 가깝다. 현재 자유의 마을에는 46가구 183명이 거주하는데, 날이 어두워지면 통행금지가 있고 친·인척이 방문하려면 통행증을 신청해야 하는 우리나라 유일의 마을이다.

800 M

570 km²
1/3 축소

DMZ 면적 약 570km²

정전협정 이후 축소된 DMZ 면적

정전협정 당시 DMZ의 범위는 군사분계선의 길이 248km, 폭 4km, 면적 992km²로 설정되었다. 하지만 2002년 한국환경정책평가연구원에서 발표한 자료에 의하면 DMZ의 면적은 907km², 2007년 김창환 교수(강원대학교)의 연구에 의하면 약 903.8km²로 축소되었다. 국립수목원과 녹색연합의 연구에 따르면 2014년에는 면적이 약 570km²까지 1/3 이상이 줄어들었다. 실제 범위는 지형과 군사적 목적에 의해 수정되었고, 현재 남방한계선과 북방한계선은 군사분계선 쪽으로 이동했기 때문이다. DMZ가 생긴 지 70여 년, 우리의 삶이 달라지듯 DMZ의 모습도 달라지고 있다.

181개 지형, 73% 하천지형

민통선이북지역(2015년 지형조사가 이루어지지 않은 동부해안권역 제외) 내 전체 지형은 산지지형, 하천지형, 화산지형으로 구분된다. 이것은 다시 토르, 하식애, 둠벙습지, 영암지대 등 22개의 지형 단위로 나뉜다. 이를 기준으로 민통선이북지역의 지형을 조사한 결과, 하식애 24개, 하천습지 21개, 둠벙습지 20개, 곡저평야 11개, 폭포 9개 등 전체 지형의 약 73%가 하천지형이었으며, 산지지형이 18%, 화산지형이 약 9%로 관찰되었다. 가장 다양한 종류의 지형이 발달한 곳은 중부산악권역이며, 민통선이북지역은 총 181개의 지형 단위가 관찰되었다.

181 개 지형
73 % 하천지형

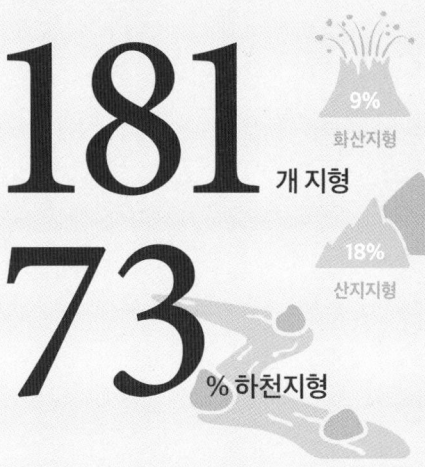

9% 화산지형
18% 산지지형
하천지형

39 개
조사 경로

국립생태원의 DMZ 생태조사 경로

DMZ 일원의 생태조사는 공간적 특성상 여느 조사와는 다르다. 매년 선행연구 자료를 참고하여 조사 경로를 선정한 후 군부대의 작전성 검토가 이뤄진 다음, 현장답사를 통해 확정된다. 2015~2020년까지 6년 동안 국립생태원에서 수행한 조사를 위해 선정된 경로는 총 39개, 육상과 수계 분야를 고려하여 20km 이내로 설정하여 생태조사가 진행됐다. 조사 인원은 총 66명으로 10개 분류군이 참여했으며, 전 분류군이 함께 공동조사로 수행했다.

전 세계의 DMZ 개수

12 곳

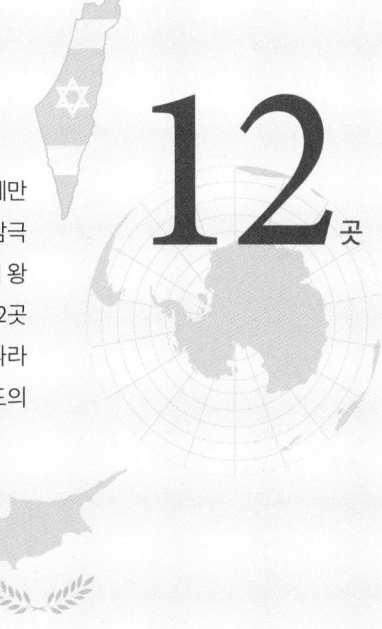

DMZ와 관련해 많은 사람들이 갖는 오해는 비무장지대(DMZ)는 우리나라에만 있다고 생각하는 것이다. 놀랍게도 대부분의 사람들이 예상하지 못하는 남극도 비무장지대다. 세계 최초의 DMZ 올란드 제도, DMZ를 두고도 자유롭게 왕래하는 키프로스, 중동의 갈등으로 인한 DMZ 골란 고원 등 전 세계에는 12곳의 DMZ가 존재한다. 이처럼 비무장지대는 역사적 배경이나 분쟁 양상에 따라 성격이 다양하다. 특히 설정 목적과 다른 경우가 있는데, 안타깝게도 한반도의 DMZ는 가장 중무장된 사례이다.

아픔의 땅, DMZ   DMZ 7문 7답

알고 만나면 더 흥미로운,
DMZ 이야기

DMZ가 한반도 분단의 상징이자 아픔인 것은 알지만, DMZ가 어떤 지역이고 그곳이 어떻게 이루어져 있는지 아는 사람은 많지 않다. 물론 군사 작전지역이라는 보안상의 문제도 있겠지만, 일반인의 출입이 엄격히 통제되는 곳이기에 편히 발걸음을 옮기거나 관심을 갖기가 어렵기 때문이다. 알 듯 모를 듯 헷갈리는 DMZ를 둘러싼 몇 가지 궁금증을 알기 쉽게 정리해보았다.

Q1
군사분계선은 왜 북위 38°와 일치하지 않나요?

휴전 당시의 점령지를 기준으로 결정

군사분계선은 한반도 중앙을 지나는 북위 38°를 기준으로 정한 것입니다. 그런데 왜 반듯한 직선이 아니라 울퉁불퉁한 사선 형태를 띠게 된 걸까요? 이는 당시의 상황과 관련이 있습니다. 1950년 발발한 6·25전쟁은 북한의 기습 남침과 유엔군의 인천상륙작전, 중공군의 개입 등으로 밀고 밀리다가 교착 상태에 빠졌습니다. 전세(戰勢)가 어느 한쪽으로 기울지 않고 한반도의 중심에서 소규모 고지전만 치열하게 전개되자 마침내 양측이 휴전 협정에 나섰는데, 이 때 각자의 점령지를 중심으로 지역을 나누다 보니 오늘날 굴곡진 사선 형태의 군사분계선이 만들어진 것이죠.

Q2
DMZ 군사분계선은 철책과 철조망으로 세워졌나요?

1,292개의 나무 말뚝으로 경계 표시

많은 사람들이 잘 모르는 사실인데, 우리가 흔히 보는 영상이나 사진 속 전방 지역의 철책은 남방한계선 혹은 DMZ 내 GP(Guard Post : DMZ 안에서 적군의 동향을 감시하는 최전방 경계 소초)를 보호하기 위해 세운 추진철책입니다. 1953년 7월 27일 정전협정에 따라 임진강에서 동해안까지 총 248km 길이로 설정된 군사분계선은, 약 200m 간격으로 박힌 1,292개의 나무 말뚝을 통해 그 경계를 표시하고 696개는 UN이, 596개는 북한이 관리했습니다. 물론 지금은 오랜 세월이 흘러 말뚝의 대부분이 유실되거나 일부 보수된 상태지만, 군사분계선 자체를 철책이나 철조망으로 세운 적은 없습니다.

그렇습니다. DMZ의 북방한계선이 정전협정을 통해 남한의 남방한계선에 대응하는 개념으로 설정된 것이라면, 서해의 북방한계선은 정전협정 체결 후인 1953년 8월, 당시 유엔군 사령관이었던 마크 클라크 장군이 군사분계선의 서쪽 연장선보다 북쪽에 위치한 서해 도서에서 해군 병력을 철수시키며 임의로 서해 5도(백령도, 대청도, 소청도, 연평도, 우도)를 포함하는 북방한계선을 설정하고 북한 측에 통보한 것입니다. 당시 북한은 이에 대해 이의를 제기하지 않았고, 이후 남북기본합의서를 통해 NLL을 인정함으로써 서해상의 북방한계선은 사실상 군사분계선이 되었습니다.

Q3
서해의 북방한계선과 DMZ의 북방한계선은 다른 건가요?

서해의 북방한계선은 서해 5도 포함

본래 군사분계선을 기준으로 북측 2km와 남측 2km, 총 4km 폭으로 세워진 북방한계선과 남방한계선은 남북 양측이 관측에 유리한 고지를 확보하기 위해 안쪽으로 조금씩 밀고 들어가면서 폭이 좁아지기 시작했습니다. 또 민간인통제선 역시 초기에는 군사분계선 남측 5~20km 간격으로 설정되었으나 현재는 10km 이내로 그 범위가 줄어들었습니다. 민통선이북지역과 접경지역에 대규모 택지개발이 이루어지는 등 규제 완화로 인한 변화의 바람이 불고 있기 때문입니다. 그러나 안타깝게도 이러한 민간인통제선의 북상은 DMZ 생태계에 커다란 위협 요인이 되고 있습니다.

Q4
한 번 정해진 남방한계선, 민간인통제선은 바뀌지 않나요?

고지 확보, 택지 개발 때문에 점차 군사분계선 쪽으로 이동 중

Q5
DMZ에는 민간인이 들어갈 수 없나요?

중립 구역에 자유의 마을, 평화의 마을

군사분계선을 중심으로 북쪽 2km 이내의 북방한계선과 남쪽 2km 이내의 남방한계선 안을 의미하는 DMZ에는 민간인은 물론이고 극소수의 허가된 군인만이 정해진 절차에 따라 출입할 수 있습니다. 하지만 경기 파주시 군내면 조산리에는 남한 유일의 DMZ 마을인 대성동 자유의 마을이 있습니다. 이곳은 UN이 관할하는 중립 구역으로 대한민국의 치외법권 지역이며, 따라서 마을 주민들도 국방과 납세의 의무를 지지 않습니다. 현재 약 50세대 200명 가량의 주민이 거주[1]하고 있으며, 북한에도 이와 비슷한 개념으로 개성특별시 평화리의 기정동 평화의 마을이 있습니다.

[1]
경기도, 경기관광공사,
<DMZ의 모든 것>,
2016

Q6

DMZ 일원에 보호해야 할 중요 문화재는 없을까요?

보통 중요 문화재라 함은 문화재청장이 문화재보호법에 의하여 지정한 국가지정문화재로 국보, 보물, 천연기념물 등 7가지 유형으로 구분됩니다. DMZ 내에도 이러한 문화재들이 많을 것으로 예상되지만 제대로 된 조사 자료가 부족한 상황입니다. 학자들은 파주, 개성 등 DMZ 서쪽 지역에는 고려시대의 역사 유물이, 연천과 임진강 일대에는 구석기와 청동기, 삼국시대 관방유적이 많을 것으로 기대하고 있습니다.[2] 그중 하나가 '철원도성'인데, 궁예가 905년 태봉국의 도읍지에 세워 '궁예도성'이라고도 불리는 이곳은 공교롭게도 DMZ 군사분계선에 남북으로 걸쳐져 있어 조사는 물론 출입조차 쉽지 않다고 하네요.

중요 문화재는 많으나 조사가 부족한 상황

[2] 민주평화통일자문회의 블로그, "궁예가 세운 철원성 등 DMZ 역사유적", 2020.12.14.

Q7

DMZ에서 살아가는 동물들은 지뢰 때문에 위험하지 않을까요?

지뢰는 위협 요인, 반달가슴곰의 미스터리

[3] 한겨레, "비무장지대 지뢰 제거 '넘지 못할 산' 아니다", 2019.10.12.

[4] 중앙일보, "DMZ 반달곰 생존 미스터리 ⋯ 지뢰 냄새로 피한다?", 2019.5.12.

전문가들의 추정에 따르면, DMZ 남측과 민통선 이북지역에만 대략 100만~130만 발 가량의 지뢰가 묻혀 있다[3]고 합니다. 실제 DMZ 생태조사를 하다 보면 지뢰로 인해 신체 일부분을 잃거나 다친 야생동물이 종종 목격된다고 하니, DMZ의 동물들에게 지뢰는 위험 요인이 분명해 보입니다. 그런데 2018년 DMZ 내 설치된 무인센서카메라에 포착된 새끼 반달가슴곰과 관련해 흥미로운 기사[4]가 있었습니다. 곰은 후각이 매우 예민해서 녹슨 쇠 냄새를 잘 맡기 때문에, DMZ에서도 지뢰를 잘 피해 다닐 수 있을 거라는 이야기였습니다. 아무쪼록 반달가슴곰뿐만 아니라 보다 많은 야생생물들이 지뢰 피해를 입지 않았으면 좋겠네요.

SECTION 2

- 048   DMZ 일원의 식생과 식물
- 066   DMZ 일원의 포유류 `무인센서카메라에 포착된 포유류`
- 084   DMZ 일원의 조류 `두루미 탐구생활`
- 108   DMZ 일원의 양서·파충류
- 114   DMZ 일원의 육상곤충 `비하인드 에피소드`
- 124   DMZ 일원의 어류
- 138   DMZ 일원의 저서성대형무척추동물
- 148   DMZ 일원의 거미
- 156   환경유전자 eDNA

생명의 땅,
DMZ

생명의 땅, DMZ　　　DMZ 일원의 식생과 식물

class ①

DMZ 일원의 식생과 식물

「민통선이북지역 생태계 조사 종합보고서 (2015~2020년)」에 따르면, 민간인통제선 이북지역에는 95개의 식물군락이 분포하는 것으로 확인되었고, 그 유형을 14가지로 구분하였다(식생 유형에 따라 일부 식물군락 중복). 그중 산지식생 유형 24개, 습지·하천식생 유형이 46개로 높은 비율을 차지하고 있다. 산지식생의 경우 신갈나무, 상수리나무, 갈참나무 등 참나무속에 속한 활엽수종이 대부분으로 중·동부지역의 산악지대에 분포하고 있으며, 습지·하천식생의 경우 버드나무, 신나무, 물억새, 부들 등이 중·동부지역의 계곡과 하천, 서부지역의 저지대, 습지, 휴경지, 하천변 등에 주로 분포하고 있다.

이러한 식물군락을 포함해 DMZ 조사에서 확인된 식물 종은 총 136과 503속 992종 1,126분류군이다. 또한 꽃과 종자 없이 포자로 번식하는 양치식물이 47분류군, 종자(씨)가 겉으로 노출된 겉씨식물이 11개 분류군, 종자가 열매 안에 들어 있는 속씨식물이 1,068분류군으로 나타났다.

DMZ 현장조사의 한계

그동안 DMZ 일원은 기관 차원의 조사가 많이 진행되었다. DMZ 일원의 생태계는 한국전쟁 이후 약 70여 년 동안 인위적인 간섭이 최소화된 상태로 자연 스스로 회복된 생태계라는 점에서 큰 의미가 있기 때문이다. 1990년대부터는 환경부의 DMZ 일원 학술조사가 시작되었고, 2008년부터는 DMZ 서부지역에 대한 조사가 진행되었다. 그 결과 잦은 산불로 인해 울창한 산림보다는 덤불이나 갈대 등의 초지대가 구성되거나, 서부 저지대 구릉지의 잔존림은 지속적인 인위적 교란으로 상수리나무와 갈참나무 등이 남아있다고 보고되었다.

국립생태원도 2014년부터 DMZ 일원 생태조사를 수행하고 있는데, DMZ 지역의 특수성으로 인해 현장조사에는 한계가 있다. 특히 식물 조사는 이동이 있는 동물과 달리, 미확인 지뢰지대 같은 군사적 상황으로 매우 제한적인 조건하에 진행된다. 사전에 출입이 가능한 범위와 이동경로, 출입 일정, 출입 인원 등을 군부대와 협의한 뒤 제한된 경로 내에서 군 인솔자와 동행하며 안전이 확보된 범위 내에서만 조사가 가능한 것이다. 식물 조사는 길가 주변, 산지와 하천, 습지 등에서 작은 식물부터 큰 아름드리나무까지 확인해야 한다. 하지만 접근이 가능한 전술도로 주변에서 확인이 가능한 범위까지만 조사가 이뤄지며, 조사자의 눈으로 식물군락을 파악하는 수준의 조사만 가능하다.

DMZ를 걷고 있는 조사자들

지리적 특성을 고려한 5개 권역

국립생태원은 2015년부터 DMZ 일원의 전 구간을 조사 주기와 지리적 특성을 고려해 5개 권역으로 구분하여 조사하였다. 첫째 강원도 고성, 인제의 해안과 산악지대(동해안, 건봉산, 향로봉 등)를 포함한 동부해안권역, 둘째 양구의 산악지대(대우산, 백석산 등)를 포함한 동부산악권역, 셋째 화천, 철원 지역의 산악지대(백암산, 대성산, 적근산 등)를 포함한 중부산악권역, 넷째 철원, 연천의 평야지대(철원평야, 토교, 동송저수지 등)와 저산지를 포함한 서부평야권역, 다섯째 파주, 연천의 구릉지와 임진강하구의 충적평야 등을 포함한 서부임진강하구권역으로 구분한 것이다.

왕버들군락(철원 용양보)

2019년 고성의 식물 식생 조사

산지식생이 우점하는 동부해안권역

동부해안권역은 산지식생인 신갈나무와 굴참나무가 우점하고 있으며, 하천 및 계곡부에는 가래나무, 오리나무 등이 선형으로 분포한다. 특히 가래나무와 오리나무군락은 대부분 개발에 의해 훼손되어 이남지역에서는 쉽게 찾아볼 수 없는 것으로, 전쟁 이후 인간의 간섭에서 벗어나 오랜 기간 스스로 회복된 자연 천이 과정에 대한 연구 가치가 높은 식물군락이다. 고성군 일대 산지 사면에 분포하는 굴참나무군락도 DMZ 일원의 특이한 생태계를 보여준다. 봄철 우리나라 동해안에 빈번하게 발생하는 산불 때문에 산불 피해에 내성이 강한 굴참나무를 비롯한 참나무류가 경사면을 따라 넓게 분포하는 반면, 산불 피해에 취약한 소나무는 일부 능선부에서 소규모 집단으로 분포한다. 해안가로 내려가면 사구식생으로 해당화군락과 좀보리사초, 갯그령 등 키작은 관목과 초본류가 나타난다.

분홍바늘꽃 군락 현장조사

식물로는 강원도의 높은 산지(향로봉, 큰까치봉)에 분홍바늘꽃, 난장이붓꽃, 큰잎쓴풀 등이 대표적으로 서식한다. 분홍바늘꽃은 식물구계학적특정식물 Ⅳ등급, 국가적색목록 취약(VU) 등급으로 과거 멸종위기종으로 지정되었으나 현재는 해제되었다. 강원도 대관령 이북의 고산지대에 드물게 분포하며, 비교적 빛이 잘 드는 초지에서 자란다고 알려져 있으며, DMZ 일원에서는 큰까치봉 경로의 비포장된 임도 주변에서 확인되었다. 난장이붓꽃은 식물구계학적특정종 Ⅴ등급이며, 국가적색목록 관심대상(LC) 등급으로 분류된다. 강원도 설악산 이북의 고산지대에 서식하는데, DMZ 일원에서는 백두대간에 속하는 향로봉 능선부에서 발견되었다. 큰잎쓴풀은 식물구계학적특정식물 Ⅴ등급이고, 국가적색목록 취약(VU) 등급으로 분류되며 기후변화생물지표종이다. 강원도 설악산 일대와 경북 울진에서 매우 드물게 발견되며, DMZ 일원에서는 건봉산의 큰까치봉 경로에서 확인되었다.

분홍바늘꽃
Chamerion angustifolium

분류 체계	Magnoliophyta 피자식물문 > Magnoliopsida 목련강 > Myrtales 도금양목 > Onagraceae 바늘꽃과 > Chamerion 분홍바늘꽃속
크기	50~150cm
분포	한국, 네팔, 러시아, 일본, 중국, 인도, 유럽 등
개화 시기	7~8월
세부 특징	바늘꽃과 여러해살이풀로 땅속줄기가 옆으로 뻗으며 큰 군락을 형성한다. 줄기는 곧추서며 굵고 높이는 50~150cm 정도로 자란다. 잎은 어긋나며 잎자루가 없거나 매우 짧다. 꽃은 붉은 보라색으로 피는데 줄기 끝 총상꽃차례에 달린다.

분홍바늘꽃 ⓒ 서형수

난장이붓꽃 ⓒ 한반도의 생물다양성

난장이붓꽃
Iris uniflora

분류 체계	Magnoliophyta 피자식물문 > Liliopsida 백합강 > Liliales 백합목 > Iridaceae 붓꽃과 > Iris 붓꽃속
크기	5~11cm
분포	한국(강원도 이북), 만주, 중국
개화 시기	5~6월
세부 특징	붓꽃과 여러해살이풀로 뿌리줄기는 옆으로 뻗는다. 줄기는 곧추서며 굵고 높이는 5~11cm 정도로 자란다. 잎은 좁은 선형이며 5~6월에 1개의 자주색 꽃이 핀다. 열매는 삭과로 둥글고 잎집 같은 꽃싸개잎 안에 들어 있다.

큰잎쓴풀 ⓒ 도재화

큰잎쓴풀
Swertia wilfordii

분류 체계	Magnoliophyta 피자식물문 > Magnoliopsida 목련강 > Gentianales 용담목 > Gentianaceae 용담과 > Swertia 쓴풀속
크기	25~30cm
분포	한국, 중국, 러시아
개화 시기	8~9월
세부 특징	용담과 두해살이풀로 높이 30cm가량이다. 줄기는 네모지고 곧추서며, 가지가 많이 갈라진다. 잎은 마주나고 밑이 줄기를 약간 둘러싼다. 꽃은 자주색 4수성으로 피는데, 전체가 원추상 취산꽃차례를 형성한다.

취락지가 방치되면서 자연적으로 형성된 식생을 보이는 동부산악권역

동부산악권역은 전반적으로 산지식생인 신갈나무가 넓게 우점하며, 계곡부 및 하천변을 따라 신나무, 가래나무, 버드나무 등이 길게 분포하는 특징을 보인다. 특히 과거 취락지로 사람들이 이용하던 양구군 비아리와 두타연, 건솔리 일대는 그대로 방치되면서 인간의 간섭에서 벗어나 자연적으로 가래나무, 신나무, 오리나무 등이 단일 또는 혼생하는 식물군락이 형성되었다.

위_신갈나무군락(인제) | 아래_신나무군락(양구)

금강초롱꽃 ⓒ 서형수

금강초롱꽃
Hanabusaya asiatica

분류 체계	Magnoliophyta 피자식물문 > Magnoliopsida 목련강 > Campanulales 초롱꽃목 > Campanulaceae 초롱꽃과 > Hanabusaya 금강초롱꽃속
크기	36~59cm
분포	한국(중부 이북)
개화 시기	8~9월
세부 특징	초롱꽃과 여러해살이풀로 우리나라 고유 식물이다. 높이는 36~59cm이며, 신장형 뿌리는 진한 갈색으로 자란다. 줄기는 자색을 띠며 털은 없다. 꽃은 연한 자색 종모양으로 피며 작은꽃줄기가 있고, 총상꽃차례 또는 꽃줄기 끝에 1개씩 달린다.

동부산악권역을 대표하는 식물종으로는 금강초롱꽃과 세잎승마가 있다. 금강초롱꽃은 식물구계학적특정식물 IV등급, 국가적색목록 관심대상(LC) 등급으로 분류된다. 경기도와 강원도 북부 지역에 드물게 분포하며, 고산의 숲속 그늘진 곳이나 산 정상부의 바위에 붙어 자라 군부대의 제초작업 등으로 훼손이 일어나는 경우가 많다. DMZ 일원에서는 대우산과 향로봉 능선부에서 확인되었다. 세잎승마는 한반도 고유종으로 식물구계학적특정식물 IV등급, 국가적색목록 준위협(NT) 등급으로 분류된다. 중부 이북지역의 강원도, 충북 소백산과 경북 일월산 등에 국지적으로 분포하며, 그늘지고 습기가 많은 산 사면에 자란다. DMZ 일원에서는 백석산과 감우골 경로에서 확인되었다.

세잎승마 ⓒ 도재화

세잎승마
Cimicifuga heracleifolia

분류 체계	Magnoliophyta 피자식물문 > Magnoliopsida 목련강 > Ranunculales 미나리아재비목 > Ranunculaceae 미나리아재비과 > Cimicifuga 승마속
크기	80~120cm
분포	한국(중부 이남)
개화 시기	8~9월
세부 특징	미나리아재비과 여러해살이풀로 높이 0.8~1.2m이며, 한국 고유종이다. 잎은 잎자루가 있고, 줄기에 어긋난다. 꽃은 줄기 끝에 겹총상꽃차례에 달려 원추형의 흰색으로 피며, 짧은 작은꽃자루가 있다.

인공림이 자연식생으로 변화 중인 중부산악권역

중부산악권역은 북한강 상류를 건너 화천군으로 넘어오면 백암산과 적근산, 대성산까지 해발 1,000m 이상의 높은 산지가 있어 산지식생인 신갈나무가 넓게 분포한다. 계곡부의 하천과 산지의 가장자리에 분포하는 계반(溪畔)식생은 가래나무와 층층나무, 물푸레나무 등이 확인된다. 화천을 지나 철원에 이르면 농경활동이 활발했던 김화읍 일대부터 저해발 산지와 평지 등이 나타나는데, 특이하게도 전쟁을 대비해 인위적으로 계획한 지뢰지대에 조림한 아까시나무림이 시간이 지나면서 자연 천이 과정으로 가래나무, 버드나무, 신나무 등의 자연식생으로 변화하는 중이다. 용양보로 진입하는 군사도로의 절개사면부에는 멸종위기 야생식물인 분홍장구채가 암벽 틈에서 옹기종기 모여 살아가고 있다. 분홍장구채는 멸종위기 야생생물 Ⅱ급, 식물구계학적특정종 V등급, 국가적색목록 취약(VU)등급으로 분류된다. 산지의 양지바른 바위틈이나 겉에 붙어서 자라는데, 이와 함께 중부산악권역에서는 깽깽이풀, 복주머니란 등이 분포한다. 깽깽이풀은 식물구계학적 특정식물 IV등급이며, 적색목록에 준위협(NT) 등급으로 과거 멸종위기종으로 관리되었으나 현재는 지정 해제되었다. DMZ 일원에서는 주파리 경로 산기슭에서 길을 따라 수백 개체의 서식이 확인되어 군부대 제초작업 등 훼손 위협이 높은 편이다. 복주머니란은 멸종위기 야생생물 II급이며 식물구계학적특정종 V등급, 국가적색목록 위기(EN) 등급으로 분류된다. 산지의 능선부 풀밭이나 다소 양지바르고 배수가 잘되는 숲속에서 자라며 제주도와 울릉도를 제외한 전국에 분포한다. DMZ 일원에서는 대성산 경로의 임도에서 확인되었다.

분홍장구채 ⓒ 서형수

분홍장구채
Silene capitata

분류 체계	Magnoliophyta 피자식물문 > Magnoliopsida 목련강 > Caryophyllales 석죽목 > Caryophyllaceae 석죽과 > Silene 끈끈이장구채속
크기	25~40cm
분포	한국, 북한, 중국
개화 시기	10~11월
세부 특징	석죽과 여러해살이풀로 비스듬히 누워 자라며, 식물 전체에 털이 많고, 줄기는 25~40cm까지 자란다. 분홍색 꽃은 가지 끝에 모여 달리며, 산지의 양지바른 바위틈에 분포한다.

복주머니란 ⓒ 안진갑

복주머니란
Cypripedium macranthos

분류 체계 Magnoliophyta 피자식물문 > Liliopsida 백합강 > Orchidales 난초목 > Orchidaceae 난초과 > Cypripedium 복주머니란속
크기 20~40cm
분포 한국, 러시아, 중국, 일본
개화 시기 5~7월
세부 특징 산지의 경사진 풀밭이나 숲속에서 여러해살이풀로 드물게 자생하는 난초이다. 전체에 털이 있으며 뿌리는 땅속줄기에서 가늘게 나오고, 줄기는 곧추서 높이 20~40cm 정도로 자란다. 잎은 어긋나며 3~5장이 달리고, 꽃은 원줄기 끝에 1개씩 달리며 꽃싸개잎은 잎과 같다.

깽깽이풀
Jeffersonia dubia

분류 체계 Magnoliophyta 피자식물문 > Magnoliopsida 목련강 > Ranunculales 미나리아재비목 > Berberidaceae 매자나무과 > Jeffersonia 깽깽이풀속
크기 20cm
분포 한국, 중국(동북부)
개화 시기 4월
세부 특징 매자나무과 여러해살이풀로 높이 20cm 정도로 드물게 자라며, 잎은 뿌리에서 여러 장이 나오고 잎자루가 길다. 꽃은 잎보다 먼저 뿌리에서 난 긴 꽃자루 끝에 지름 2cm쯤으로 한 개씩 달리며, 붉은 보라색 또는 드물게 흰색이다.

깽깽이풀 ⓒ 서형수

인위적 교란이 지속되고 있는 서부평야권역과 서부임진강하구권역

서부평야권역과 서부임진강하구권역은 일부 저해발 산지에 분포하는 신갈나무군락을 제외하고 대부분 상수리나무와 갈참나무가 우점하는데, 군사목적의 사계청소, 인위적 산불, 훈련장 및 농경활동 등 인위적인 교란이 지속되고 있다. 중·동부권역에 비해 훈련장 및 시설물, 도로, 영농활동 등이 빈번하게 이뤄져 인위적 간섭이 높은 편이다. 파주지역은 연천에 비해 낮은 구릉성 산지와 농경지로 이루어져 있고, 농수로 사용하기 위한 둠벙이 많이 조성되어 다양한 습지식물이 확인된다.

층층둥굴레
Polygonatum stenophyllum

분류 체계 Magnoliophyta 피자식물문 > Liliopsida 백합강 > Liliales 백합목 > Liliaceae 백합과 > Polygonatum 둥굴레속
크기 44~48cm
분포 한국, 러시아(극동), 중국(동북부)
개화 시기 5~6월
세부 특징 뿌리줄기는 가늘고 길며 흰색이다. 잎은 아래쪽에서는 어긋나지만 위로 가면서 4~6장이 층을 이뤄 돌려나며, 꽃은 잎겨드랑이에서 난 여러 개의 꽃대에 각각 2개씩 피며 흰색이다.

층층둥굴레 ⓒ 한반도의 생물다양성

서부평야권역은 주로 하천과 배후습지, 저수지 등의 생태환경으로 임진강 인근의 군사도로와 저수지 주변에 서식하는 층층둥굴레, 남개연이 대표적인 식물종이다. 층층둥굴레는 식물구계학적특정식물 Ⅳ등급, 국가적색목록 준위협(NT) 등급으로 과거 멸종위기종이었다가 해제되었다. 강가나 수로 주변의 모래땅에서 드물게 자라며 경기도 및 강원도 북부지역, 영월과 정선의 동강유역에 분포한다. DMZ 일원에서는 빙애 경로 주변의 군사도로 가장자리에서 일부 개체를 확인하였다. 남개연은 식물구계학적 특정식물 Ⅲ등급이며, 적색목록에 취약(VU) 등급으로 분류된다. 강이나 저수지에 자라는 부엽성 수생식물로 대부분 중부 이남지역에 분포하

며, 동해안의 석호에서도 발견된다. DMZ 일원에서는 동송저수지 주변 습지에서 확인되었다. 서부평야권역과 달리 서부임진강하구권역은 서해 난류의 영향을 받아 온난한 기후를 나타내고 있으며, 불암초 등 남방계 식물이 비교적 흔하게 확인되고 특수한 지리적 격리로 인해 나도국수나무 등 희귀식물이 분포한다. 특히 지형적 영향으로 임진강의 배후습지 및 묵논습지는 생태환경이 양호해 다양한 수생식물이 확인된다. 그중 하나인 통발은 식물구계학적특정식물 V등급으로 남한 전체에 분포하며 연못이나 논밭의 웅덩이 및 습지에 넓게 분포한다. DMZ 일원에서는 석곶리 경로의 작은 웅덩이와 연못에 군락을 형성하고 있다.

남개연
Nuphar pumila var. *ozeense*

분류 체계	Magnoliophyta 피자식물문 > Magnoliopsida 목련강 > Nymphaeales 수련목 > Nymphaeaceae 수련과 > Nuphar 개연꽃속
크기	6~17cm
분포	한국, 일본
개화 시기	6~8월
세부 특징	부엽성 수생식물로 뿌리줄기는 굵고, 땅속으로 뻗는다. 잎은 뿌리줄기 끝에서 나며, 넓은 난형으로 물 위에 뜬다. 꽃은 물 위로 올라온 꽃대 끝에 1개씩 피며, 지름은 1~3cm이다.

남개연 ⓒ 한반도의 생물다양성

불암초 ⓒ 한반도의 생물다양성

불암초
Melochia corchorifolia

분류 체계	Magnoliophyta 피자식물문 > Magnoliopsida 목련강 > Malvales 아욱목 > Sterculiaceae 벽오동과 > Melochia 불암초속
크기	30~60cm
분포	한국(남부 도서), 제주도, 일본, 중국(남부), 대만, 동남아시아
개화 시기	7~9월
세부 특징	벽오동과 한해살이풀로 줄기는 높이 30~60cm, 별 모양의 털이 듬성하게 있다. 잎은 어긋나며 끝은 뾰족하고 가장자리는 보통 3갈래로 얕게 갈라지며, 불규칙한 톱니가 있다. 꽃은 줄기 끝이나 줄기 윗부분 잎겨드랑이에 머리 모양으로 달린다.

간혹 경기 서부지역에서도 발견되는 불암초는 식물구계학적특정식물 Ⅲ등급의 남방계 식물로, 남부지방의 해안가나 섬에서 드물게 자라며, DMZ 일원에서는 북삼리 경로의 경작지 가장자리에서 작은 무리를 이루고 있었다. 나도국수나무는 식물구계학적특정식물 Ⅲ등급, 국가적색목록 관심대상(LC) 등급으로 분류된다. 주로 빛이 잘 드는 산기슭에 자라는데, 경기도 및 강원도 북부지역과 석회암 지대인 충북 단양, 제천에서도 발견된다. DMZ 일원에서는 용산리와 정자리 경로의 숲 가장자리나 제방에 작은 무리를 형성하고 있다.

나도국수나무
Neillia uyekii

분류 체계	Magnoliophyta 피자식물문 > Magnoliopsida 목련강 > Rosales 장미목 > Rosaceae 장미과 > Neillia 나도국수나무속
크기	100~200cm
분포	평안북도, 한국(전라남도, 충청북도, 경기도, 강원도), 만주
개화 시기	5월
세부 특징	장미과 낙엽활엽수로 가지에 털이 있으나 차츰 없어진다. 잎은 어긋나며 길이 3~8cm의 달걀 모양으로 끝은 점차 뾰족해지고, 가장자리에 깊은 톱니가 있다. 꽃은 총상꽃차례로 가지 끝에 달리며 흰색이다.

나도국수나무 ⓒ 한반도의 생물다양성

보전 가치가 높은 식물군락

보전가치가 높은 DMZ 일원의 식물군락은 대부분 습지와 하천변에 분포하는 식생(오리나무군락, 신나무군락, 가래나무군락 등)으로, 민간인통제선 이북지역의 특성상 일부 지역은 각종 군사훈련과 사계청소 등 인위적 간섭이 지속적으로 반복된다. 그에 반해 휴경지, 폐경지, 습지, 하천 등은 지뢰 유실에 따른 위험성으로 오랜 기간 잘 보전되어 식생 천이의 방향성을 보여준다. 또한 주변의 미소생태계에 서식하는 동·식물에게 서식처 및 산란처로서의 기능을 공유하는 중요한 역할을 한다. 중·동부산악권역의 경우에는 지형적, 지리적으로 고해발 산지와 깊은 계곡이 위치하고 있어 산지 계곡의 식생(가래나무군락, 층층나무군락 등)이 발달하고 암반식생 등의 특이식생이 분포한다. 이러한 지역은 향후 휴경지 및 하천변의 식생 천이를 연구하는 데 매우 중요한 자원이 될 것이며 보전가치가 높은 지역으로 판단된다.

오리나무
Alnus japonica

분류 체계	Magnoliophyta 피자식물문 > Magnoliopsida 목련강 > Fagales 참나무목 > Betulaceae 자작나무과 > Alnus 오리나무속
크기	15~20m
분포	한국, 대만, 일본, 중국(동북부), 러시아
개화 시기	2~3월
세부 특징	자작나무과 낙엽활엽수로 어린 가지는 갈색이나 자갈색으로 잘게 갈라지고, 껍질눈이 뚜렷하다. 잎은 어긋나며 길이 6~12cm이고, 끝은 뾰족하지만 밑은 뾰족하거나 둥글다. 잎 양면에 광택이 있으며, 가장자리에 잔 톱니가 있다.

오리나무 © 서형수

교란된 생태계에 나타나는 외래식물

DMZ 일원의 일부는 군사 목적 및 영농활동 등 다양한 인위적 간섭이 일어나고 있다. 군사적 특성상 불가피하게 군사도로가 개설되고 시설물들이 설치되면서 지형과 산림에 대한 훼손이 일어나고, 하천 정비 공사 등으로 수생태계가 교란되는 등 다양한 요인이 발생하기 때문이다. 이렇게 교란된 생태계를 중심으로 외래식물이 확산되고 있다. 외래종은 새로운 서식처에 쉽게 침입해 많은 종자를 생산하고 기존 생육하던 자생종을 대체하여 그 범위를 넓혀가기 때문이다. 그래서 외래식물은 종종 인간 활동에 의해 가장 심하게 변화된 환경에서 잘 발견되곤 한다.

미국쑥부쟁이 ⓒ 서형수

미국쑥부쟁이
Aster pilosus

분류 체계	Magnoliophyta 피자식물문 > Magnoliopsida 목련강 > Asterales 국화목 > Asteraceae 국화과 > Aster 참취속
크기	20~120cm
분포	한국, 북아메리카 등
개화 시기	8~10월
세부 특징	국화과 여러해살이풀로 뿌리줄기는 옆으로 길게 자란다. 잎은 어긋나고, 아래쪽 잎은 주걱모양, 줄기의 잎은 끝이 뾰족하고 가장자리가 밋밋하다. 꽃은 원줄기와 가지 끝에 1개씩 달린다.

DMZ에 나타나는 대표적인 외래식물로는 단풍잎돼지풀을 꼽을 수 있다. 단풍잎돼지풀은 북아메리카 원산의 초본으로 한국전쟁 시기에 유입된 것으로 추정된다. 현장에서 단풍잎돼지풀의 생태적 특성을 확인하기 위해 조사하다 보면, 사람키보다 한참 큰 단풍잎돼지풀로 인해 갑갑함을 느끼며, 자생종들이 이 안에서 버틸 수 없겠다는 생각이 든다. 게다가 번식력이 뛰어나 한번 정착하면 제거가 어렵다. 1970년대 말 강원도 춘천 중도 지방에서 처음 발견된 미국쑥부쟁이도 DMZ 일원에 확산되고 있는 외래식물 중 하나로, 높은 키와 번식력으로 하천변에서 억새, 갈대, 달뿌리풀 등의 자생종들과 경쟁하면서 그곳을 점유하고 생태계를 교란하기 때문에 체계적인 관리가 요구된다.

단풍잎돼지풀(키가 큰 초본) ⓒ 서형수

단풍잎돼지풀
Ambrosia trifida

분류 체계	Magnoliophyta 피자식물문 > Magnoliopsida 목련강 > Asterales 국화목 > Asteraceae 국화과 > Ambrosia 돼지풀속
크기	100~250cm
분포	한국, 북미(원산) 등
개화 시기	7~10월
세부 특징	국화과 한해살이풀로 전체에 거센 털이 있다. 잎은 마주나며 길이와 폭이 각각 10~30cm이고, 단풍잎처럼 3~5갈래로 깊게 갈라진다. 꽃은 암수한포기로 피며, 가지 끝에서 머리모양 꽃이 총상꽃차례를 이루어 달린다.

국립생태원 보호지역팀
서형수

대학에서 식물생태학을 전공하였으며, 국립생태원 입사 후 2015년부터 현재까지 DMZ 관련 업무를 담당하고 있다. 최근 DMZ 평화의 길 조사, 비무장지대 조사 등으로 군생활 시절보다도 오랜기간 군부대를 출입하고 있다. 민간인통제선의 북상으로 민통선이북지역의 면적은 점점 축소되고 있어 우수지역을 발굴하고 이에 대한 보호지역 지정 등의 노력이 필요하다.

국립생태원 보호지역팀
신현철

환경생태학, 복원생태학, 도서생태계 순의 학업 과정을 거쳐 현재는 국립생태원 보호지역팀에서 무인·특정도서 조사와 백두대간 생태계 정밀조사 등 보호지역 관련 업무를 담당하고 있다. DMZ 생태조사에서는 조사 결과를 바탕으로 DMZ 평화의 길 노선 선정 시 자연생태계 훼손을 막는 노선을 발굴하고자 노력했다.

class ②

DMZ 일원의 포유류

야생동물의 다양성 및 분포는
대체로 인위적 간섭(개발, 서식지 변화,
밀렵, 교통사고 등) 정도와 반비례한다.
간섭이 강할수록 생물다양성은
급격하게 감소하는데, 이는 도시지역과
산악지역을 비교하면 빠르게
이해할 수 있다.

우리나라 민통선이북지역은
오랫동안 인간의 간섭이 거의 없거나
다른 지역에 비해 그 정도가
매우 낮아 전 세계적으로 드문 특이지역이다.
이러한 까닭에 야생동물이 살아가기에
적합한 서식지가 유지되고 있다.

포유류의 이해와 우리나라 포유류

포유류는 대부분 몸이 털로 덮여 있으며, 체내 온도 조절 능력을 지닌 항온동물이라 낮거나 높은 온도에서도 적응할 수 있다. 또 젖을 먹여 자신의 새끼를 성장시키고, 체내수정을 한다. 2억 년 전 쥐 크기 정도의 포유류에서 진화하여 지금에 이르렀으며, 현재 약 4천여 종이 열대지방에서 한대지방까지 여러 서식지에서 살고 있다.

우리나라의 포유류는 국가생물종목록에 약 125종(2019년 기준)이 등재되어 있으며, 구체적으로는 우제목 7종, 식육목 24종, 고래목 36종, 익수목 24종, 고슴도치목 1종, 토끼목 3종, 설치목 20종, 첨서목 10종이지만 제대로 연구된 종은 극히 일부에 불과하다. 이 중 멸종위기 야생생물로 지정된 종은 산양, 대륙사슴, 사향노루, 늑대, 여우, 스라소니, 표범, 호랑이, 수달, 반달가슴곰, 작은관코박쥐, 붉은박쥐까지 I급 12종과 삵, 담비, 부산쇠족제비, 물개, 큰바다사자, 물범, 토끼박쥐, 하늘다람쥐의 II급 8종이 있다.

포유류 서식에 적합한 DMZ의 중·동부 산악지역

우리나라 북부 중 철원군 김화읍에서 동쪽으로 화천, 양구, 인제, 고성으로 이어지는 지역은 매우 높은 산악지역으로 DMZ 이남지역과 비교하면 생태축 간의 연결이 매우 우수하다. 또 포유류는 기본적으로 넓은 행동권(한 개체가 생존하기 위한 자원 – 즉 먹이, 보금자리, 은신처 등을 포함하는 생태적 공간)을 요구하기 때문에, 하나의 개체가 필요한 공간이 다른 동물에 비해 넓어 제한된 공간에서는 종의 밀도가 낮아진다. 따라서 급격한 서식지 변화(대규모 신도시, 산업단지 건설 등)가 일어나면 개체수도 급격히 줄어드는데, 이런 이유로 인위적 간섭이 거의 없는 DMZ의 중·동부 산악지역은 포유류가 서식하기에 아주 좋은 조건을 갖추고 있다.

최종 포식자(Apex Predators)로 등극한 삵

대부분의 대형 육식동물들은 먹이 피라미드의 최고점에서 매우 중요한 최종 포식자 역할을 한다. 먹이 동물의 다양성을 유지시키고, 개체수를 조절하는 것이다. 그러나 우리나라에서 이 역할을 담당하던 대형 육식동물 즉 호랑이, 표범, 스라소니, 늑대, 여우 등이 절멸함으로써 그보다 크기가 작은 담비, 삵, 수달 등이 최종 포식자 역할을 담당하게 되었다.

삵
Prionailurus bengalensis

분류 체계 Chordata 척삭동물문 > Mammalia 포유동물강 > Carnivora 식육목 > Felidae 고양이과 > Prionailurus 삵속
크기 70~90cm
분포 아시아
특이사항 멸종위기 야생생물 II급
세부 특징 삵은 아시아에만 분포하며 우리나라의 아종은 한국, 대마도, 만주, 러시아 지역에 서식한다. 주요 먹이는 소형 포유류(들쥐 종류)이고 새, 개구리, 곤충 등도 섭취한다. 겨울에 교미해 두 달 정도의 임신 기간을 거친 뒤 이듬해 3~5월에 1~3마리 정도의 새끼를 낳는다.

우리나라 야생에 서식하는 유일한 고양이과 동물인 삵은 아시아 전역에 분포하는 종이다. 우리나라 전역에 분포하며 산림, 농경지, 하천 등 다양한 서식지에 살고 있다. 전체적으로 옅은 갈색을 띠며 몸에는 짙은 갈색 반점이 있다. 한 개체가 생존에 필요로 하는 행동권의 넓이는 수컷과 암컷이 약간 차이가 있는데 수컷은 약 4~14km^2, 암컷은 약 1~4km^2로 암컷의 행동권이 좁다. 행동권의 넓이는 보통 생존에 필요한 자원의 양에 반비례한다. 즉, 단위면적당 자원의 양이 상대적으로 풍부한 저지대 지역(야산, 초지, 농지 등)은 비교적 행동권이 좁고, 자원의 양이 상대적으로 적은 산악지역은 행동권이 넓은 것이다.

삵은 보통 암수 단독생활을 하며 번식기에만 만난다. 겨울이 오기 전 새끼들이 성장하여 분산시켜야 하므로, 겨울에 교미를 시작해 2개월 가량의 임신 기간을 거쳐 봄(3~5월경)에 보통 1~3마리의 새끼를 낳는다. 교미하고 나면 수컷은 떠나고, 암컷이 새끼를 양육해 가을쯤 분산시키는데, 새끼들은 겨울을 지나 성장하면 성체가 되고 번식 능력을 갖춘다.

삵 ⓒ 오대현

산림의 황태자 담비

옛 속담에 "범을 잡아먹는 담비"라는 말이 있을 만큼, 우리나라에서 담비는 호랑이 못지않게 대범하고 용맹한 동물로 알려져 있으며 현재 포유류 최상위에 있는 강인한 동물이다. 다른 포유류와 달리 주행성으로 울창한 활엽수림을 선호하며, 2~3마리씩 무리지어 산다. 보통 행동권은 30~40km², 핵심 서식지는 6~10km²이다. 소형 포유류부터 조류, 곤충, 식물 열매까지 가리지 않고 먹는 잡식성이다. 주로 나무 위에서 생활하며, 날카로운 발톱을 이용하여 자유롭게 나무를 타고 땅 위에서는 민첩하게 달린다. 산림지역 능선의 바위 위, 계곡 주변 바위, 쓰러진 고목 등에 배설하는 습성이 있다. 발자국의 크기와 모양은 수달과 비슷하고 발톱 자국은 선명한데 족제비과의 특징인 발가락 5개가 선명하게 찍힌다. 사냥은 보통 한 쌍의 가족 단위로 이루어진다. 짝짓기는 연중 1회, 여름에 하는데 수컷 한 마리가 여러 암컷과 짝짓기를 한다. 암컷의 임신 기간은 270~285일에 이를 정도로 길며, 이듬해 4월 2~3마리의 새끼를 낳는 것이 보통이지만 최대 5마리까지 낳기도 한다. 새끼의 완전한 독립은 생후 6개월부터이며, 빠르면 1년 늦어도 2년이면 성숙해져 교미가 가능하다.

담비 © 오대현

담비
Martes flavigula

분류 체계 Chordata 척삭동물문 > Mammalia 포유동물강 > Carnivora 식육목 > Mustelidae 족제비과 > Martes 담비속
크기 90~110cm
분포 한국, 수단, 중국, 인도네시아, 파키스탄, 러시아, 타이완, 베트남
특이사항 멸종위기 야생생물 II급
세부 특징 몸통 길이는 59~68cm, 꼬리 길이는 40~45cm 정도다. 털은 부드럽고 길며 머리, 목의 윗쪽, 다리 아랫부분, 꼬리는 검은색이다. 등 쪽은 밝은 갈색이며 꼬리 쪽으로 갈수록 어두운 갈색을 띠고 배 쪽 털은 연한 살구색이다. 아래턱과 목 사이는 흰빛을 띤다. 항문선에서 분비된 특유의 분비물로 자신의 세력권을 표시한다.

수변 생태계의 최종 포식자 수달

수달은 강, 해안가, 계곡, 습지, 저수지 등과 같은 수환경에 특화되어 사는 반수생 포유동물로 건강한 수환경의 지표종이며, 하천 생물다양성의 조절자 역할을 하는 하천생태계 핵심종*이다. 수달은 면적 단위의 육상 영역에 서식하는 것이 아니라 한 줄기 강이라는 좁고 기다란 선(Line) 단위의 서식 영역을 갖기 때문에 서식지 단절이 쉽게 발생하고, 번식 및 유전자 확산에 취약해 다른 육상 포유동물에 비해 개체군 밀도가 낮다.

수달의 털가죽은 짧고 단단하며 광택이 있는 바깥 털과 그 밑에 짧고 부드러우며 조밀하게 분포한 속털이 많은 공기층을 만들어 잠수 시 방수와 체온 유지 기능을 한다. 수달의 털 밀도는 $1cm^2$당 약 5만 개 정도로, 지구상의 모든 동물 중에서 털의 밀도가 가장 높은 동물에 속한다.

주로 물고기를 잡아먹으며 그 외에 개구리, 물새, 갑각류, 곤충 그리고 쥐 같은 소형 포유류도 먹는다. 수달의 임신 기간은 61~74일 정도로 알려져 있는데, 번식은 연 1회 가능하지만 해마다 번식하지는 않으며 평균 2.5마리 정도의 새끼를 낳는다.

*
IUCN Otter Action Plan, 990

수달
Lutra lutra

분류 체계	Chordata 척삭동물문 > Mammalia 포유동물강 > Carnivora 식육목 > Mustelidae 족제비과 > Lutra 수달속
크기	1~1.3m
분포	유럽, 북아프리카, 아시아
특이사항	천연기념물, 멸종위기 야생생물 I급
세부 특징	수달의 몸은 수중생활에서 물의 저항을 최소할 수 있도록 전체적으로 유선형을 띤다. 몸길이는 55~85cm, 꼬리 길이 35~50cm로 전장이 90~135cm에 달한다. 꼬리 길이가 전체 몸길이의 1/2 정도를 차지하며, 체중은 암컷이 4~8kg, 수컷이 7~12kg 정도된다. 다리는 배가 바닥에 닿을 정도로 매우 짧아 육상에서는 빠르게 이동하지 못하지만, 앞뒤 5개의 발가락 사이에 물갈퀴가 있어 물속에서는 매우 빠른 속도를 낸다.

수달 ⓒ 오대현

밤에만 활동하는 하늘다람쥐

우리나라에 서식하는 하늘다람쥐는 일반인들이 관찰하기 어렵다. 왜냐하면 밤에만 활동하는 아주 조심스러운 동물이기 때문이다. 하늘다람쥐는 눈이 아주 크고 얼굴은 동그랗고 몸에 비막이 형성되어 있어 짧은 거리를 활공하며 활동한다. 짧은 거리라고 해도 평균 20m는 날 수 있다. 먹이원에 따라 주 서식지가 1~10ha(ha-100x100m의 넓이, km^2으로 표기하기에는 좁아서 ha 단위를 사용)에 달하고 행동권은 주 서식지의 약 10배 정도다. 개체의 둥지 개수는 5~8개로 딱다구리 둥지와 청설모 둥지 및 인공둥지를 이용하는 것으로 알려져 있다.

하늘다람쥐는 지속적으로 활동하며 동면하지 않는다. 폭우가 오는 밤이나 겨울철 눈 내리는 날씨에도 둥지에서 나가 먹이를 찾고, 개체마다 몇 개의 구멍(둥지)을 가지고 있다. 둥지에서 새끼를 낳고, 일정 시간이 지난 후 이소하여 새로운 둥지에서 새끼를 키운다. 새끼를 낳을 수 있는 시기는 생후 2년 후부터이며, 임신 기간은 40~42일, 수유기는 42~45일 정도 걸린다. 새끼는 1~4마리지만 보통 2~3마리를 키우며, 태어난 지 28~31일 사이에 눈을 뜨고 활동을 시작한다. 일부다처제로 알려져 있다.

수명은 수컷의 경우 야생에서 5.5년, 암컷은 6.5년이다. 암컷은 생후 2년 이후 새끼를 낳기 시작하므로 개체수가 갑자기 증가하기 힘들고, 먹이 피라미드의 하부에 있어 올빼미, 담비 등의 먹이원이 되기 때문에 서식지 확장이나 생존이 어렵다.

하늘다람쥐 ⓒ 오대현

하늘다람쥐
Pteromys volans

분류 체계	Chordata 척삭동물문 > Mammalia 포유동물강 > Rodentia 설치목 > Sciuridae 청설모과 > Pteromys 하늘다람쥐속
크기	16~18cm
분포	유라시아북부, 중국, 북해도, 한국
특이사항	천연기념물, 멸종위기 야생생물 Ⅱ급
세부 특징	앞발과 뒷발 사이에 피부막이 발달한 비막이 있어 나무에서 다른 나무로 활강하며 이동하는 것이 특징이다. 전국에 분포하며 주로 산림지대에서 서식한다. 야행성이며 주로 딱다구리가 나무에 파놓은 구멍을 보금자리로 이용한다. 나뭇잎, 구과(솔방울이나 잣송이같이 목질의 비늘조각이 여러 겹 포개어져 둥글거나 타원형으로 되어 있는 열매), 딸기류, 붉은까치밥나무와 같은 종, 산딸기, 월귤나무(진달래과), 야생 산딸기와 같은 잎, 눈(봉오리), 잔가지, 화서(꽃차례)를 섭식하는데, 먹이원은 대부분 부드러운 형태로 이루어져 있다.

밀렵과 남획으로 거의 멸종된 사향노루

사향노루는 우제목 사향노루과에 속하며, 현재 우리나라에는 시베리아 사향노루에 해당하는 단 1종만이 서식하고 있다. 사향노루는 시베리아, 몽골, 한국, 베트남, 미얀마, 히말라야, 인도, 파키스탄, 아프가니스탄, 카자흐스탄, 키르기즈스탄 등에 분포한다. 그중 한국에 서식하는 종은 중국, 몽골, 러시아에 주로 분포하는 것으로 알려져 있다. 사향노루 수컷의 요도구 근처에는 사향 주머니가 있어 교미 시기에 암컷을 유인하기 위해 냄새를 풍긴다.

이렇듯 사향이 고급 약재와 향수의 원료로 쓰이며 남획과 밀렵으로 그 수가 급격히 감소하자 사향노루는 심각한 절멸 위기에 처해 천연기념물로 지정되었고, 멸종위기 야생생물 Ⅰ급으로 지정·보호하고 있다. 대개 바위가 많은 해발 1,000m 이상의 산지에 서식하며, 바위나 나무껍질에 붙어사는 식물과 풀, 키가 작은 나무의 어린 싹과 잎, 열매 등을 먹는다. 청각과 시각이 잘 발달했으며, 겁이 많은 편이다. 주로 단독 생활하거나 암컷이 새끼와 함께 생활하고, 임신 기간은 약 178~192일이며 평균 새끼 수는 1~2마리이다.

사향노루
Moschus moschiferus

분류 체계 Chordata 척삭동물문 > Mammalia 포유동물강 > Artiodactyla 우제목 > Moschidae 사향노루과 > Moschus 사향노루속
크기 70~90㎝
분포 한국, 중국, 몽골, 러시아
특이사항 천연기념물, 멸종위기 야생생물 Ⅰ급
세부 특징 사향노루는 우제목 중 체형이 비교적 작은 편으로 몸길이는 70~90㎝이고 몸무게는 6~15㎏, 어깨 높이는 55~70㎝, 엉덩이 높이는 75~82㎝이다. 몸체는 앞이 낮고 뒤가 높으며 귀는 비교적 크고 발굽은 작고 꼬리가 매우 짧아 겉에서는 잘 보이지 않는다. 암수 모두 뿔이 없고 수컷은 위턱의 송곳니가 길게 자라서 입 밖으로 튀어나와 있다.

사향노루 ⓒ 오대현

높은 산악지역을 선호하는 산양

암수 모두 머리 위에서 뒤쪽으로 굽은 뿔을 가지고 있는 것이 특징인데, 뿔의 뿌리 부분은 두껍고 뒤쪽으로 갈수록 얇아진다. 가파른 바위가 있는 험난한 산악지역이 주 서식처로 알려져 있고, 이러한 서식지에 유리하도록 적응된 발굽을 가지고 있으며 이는 포식자로부터의 회피를 도와준다.

우리나라 중동부 산악지역의 대부분(철원 산악지역부터 화천, 양구, 인제, 고성까지)에 서식한다. 인간의 간섭이 거의 없으며 가파른 바위나 기반암이 노출되어 있고 산림 자체의 건강성이 높아 먹이 공급이 원활한 중동부 DMZ는 산양이 서식하기에 좋은 환경이다. 매년 무인센서카메라에 자주 등장하며 가끔 어미가 어린 개체를 동반하는 사진도 확인할 수 있어 안정적으로 번식이 이루어지는 가운데 개체군이 잘 유지되는 듯하다.

산양 ⓒ 오대현

산양
Naemorhedus caudatus

분류 체계	Chordata 척삭동물문 > Mammalia 포유동물강 > Artiodactyla 우제목 > Bovidae 소과 > Naemorhedus 산양속
크기	1.1~1.4m
분포	한국, 중국, 러시아
특이사항	천연기념물, 멸종위기 야생생물 Ⅰ급
세부 특징	주로 나뭇잎, 껍질, 열매 등의 식물성 먹이를 먹으며 임신 기간은 250~260일 정도, 1마리에서 드물게 3마리까지 낳는다.

일반종이 많이 나타나는 DMZ 서부 평야지역

우리나라 포유류는 대부분 산림성 포유류인데, 이들은 평야지대처럼 산림이 발달하지 않은 지역에서는 다양성이 낮은 특징을 보인다. 때문에 DMZ의 서부 평야지역에는 다양한 서식지에서 생존전략을 펼치는 일반종을 많이 볼 수 있다.

우리나라 어디에나 서식하는 고라니

우리나라 어디서든 쉽게 볼 수 있으며 개체수도 많은 고라니는, 사실 전 세계에서 우리나라와 중국 일부에만 서식하는 국제적 멸종위기종이다. IUCN 적색목록(Red List of Threatened Species)에 취약종(Vulnerable)으로 분류되어 있다. 중국과 한국에만 분포하며, 영국과 프랑스에는 도입종으로 분류되어 있다. 몸길이는 70~100cm, 몸무게는 8~15kg 정도로 몸은 갈색 털로 덮여 있다. 특징으로는 송곳니가 입 밖으로 날카롭게 튀어나와 있고, 귀가 얼굴에 비해 크다. 우리나라에서는 농작물에 피해를 주기 때문에 유해 조수 및 수렵 동물로 지정해 여러 가지 방법으로 개체수를 조절하고 있다.

고라니
Hydropotes inermis

분류 체계	Chordata 척삭동물문 > Mammalia 포유동물강 > Artiodactyla 우제목 > Cervidae 사슴과 > Hydropotes 고라니속
크기	80~120cm
분포	중국, 한국
특이사항	국제적 멸종위기종
세부 특징	수컷의 윗 송곳니가 길게 아래로 자라 입 밖으로 튀어나와 보이는 특징이 있고 뿔은 없다. 몸길이는 80~120cm 정도이며 꼬리 길이는 6~8cm 정도로 짧다. 겨울에 교미하여 5~6개월의 임신 기간을 거쳐 5~6월경 2~6마리의 새끼를 낳는다. 초식성으로 주로 나뭇잎이나 연한 풀을 먹는다.

고라니 © 오대현

멋진 뿔, 하얀 엉덩이를 가진 노루

고라니와 달리 수컷은 뿔이 있으며 암수의 엉덩이가 하얗지만, 암컷은 뿔이 없기 때문에 엉덩이가 보이지 않으면 고라니 암컷과 구별하기 어렵다. 고라니가 저지대의 인가 근처나 경작지까지 내려와 서식하는 반면, 노루는 고라니보다 높은 지대나 인간의 간섭이 적은 곳을 선호한다. 노루는 DMZ와 민간인통제선 내 전 구역에서 서식이 확인되지만, 높은 지대를 선호하다 보니 중·동부지역에 비해 서부 DMZ나 민간인통제선 내에 설치된 무인센서카메라에 촬영되는 빈도는 낮다. 또한 조사지 전체적으로도 고라니보다 촬영 횟수가 낮은 것으로 보아, 고라니보다 개체수가 적은 것으로 짐작된다.

노루
Capreolus pygargus

분류 체계 Chordata 척삭동물문 > Mammalia 포유동물강 > Artiodactyla 우제목 > Cervidae 사슴과 > Capreolus 노루속
크기 1~1.5m
분포 러시아, 중국, 카자흐스탄, 한국 등
세부 특징 수컷은 뿔이 있으며 길이는 30cm 정도이다. 몸은 황갈색 털로 덮여 있으며 엉덩이 쪽은 주로 흰색을 띤다. 고라니와 달리 주로 산림 내에 서식하고 해질녘에 행동한다. 초식성 동물로 풀, 나무줄기, 나뭇잎 등을 먹지만, 겨울에는 거의 마른풀이 주식이다. 수컷은 만 1년이 지나면 뿔이 나는데, 매년 12월에 뿔이 없어지고 다음해 1월쯤 다시 나오기 시작한다. 대부분 단독생활을 하며 제주도에 많이 서식한다.

노루 ⓒ 오대현

최근 개체수가 급감한 멧돼지

2019년 가을부터 파주, 연천 일대(DMZ, 민통선이북지역)에서 발생하기 시작한 아프리카돼지열병(ASF)은 지금도 진행 중이다. 2022년 7월까지 철원, 화천, 양구, 인제, 고성에서 강원도 남쪽으로 퍼지기 시작하여 현재 영월을 지나 단양, 문경, 상주까지 감염되어 있다. 초기에 감염지역인 DMZ와 민북지역의 멧돼지는 무인센서카메라에 의한 모니터링 결과, 열병 발생 이전보다 촬영된 횟수가 급격히 줄었다. 그만큼 멧돼지 개체수가 급감하고 있다는 이야기다.

멧돼지 ⓒ 오대현

멧돼지
Sus scrofa

분류 체계 Chordata 척삭동물문 > Mammalia 포유동물강 > Artiodactyla 우제목 > Suidae 멧돼지과 > Sus 멧돼지속
크기 1~1.2m
분포 유럽, 아시아
세부 특징 우리나라 전역의 산림에 분포한다. 성체는 검은색 계통의 털색깔을 지니며 새끼는 갈색에 흰줄무늬를 가지고 있다. 잡식성으로 식물의 뿌리나 땅에 떨어져 있는 종자, 열매 또는 죽은 동물, 곤충, 지렁이 등도 먹는다. 일년에 1~2회 번식하는데, 겨울에 교미해 4개월 정도의 임신 기간을 거쳐 5월경 3~10마리 정도의 새끼를 낳는다.

식욕이 왕성한 너구리

너구리는 낮에 숲이나 바위 밑, 큰 나무 아래 구멍이나 동굴에서 자다가 밤이 되면 나와서 개구리, 설치류, 파충류, 어류, 곤충, 과일, 씨앗, 식물의 뿌리 등을 먹는다. 식욕이 대단해서 한꺼번에 많은 양의 먹이를 먹으며, 변을 보는 자리가 일정해 여러 마리가 한 장소를 화장실로 이용하면서 서로 정보를 교환하기도 한다. 겨울이 되면 약간 무기력해지지만, 한겨울에도 동면하지 않아 간혹 무인센서카메라에 촬영된다.

너구리
Nyctereutes procyonoides

분류 체계	Chordata 척삭동물문 > Mammalia 포유동물강 > Carnivora 식육목 > Canidae 개과 > Nyctereutes 너구리속
크기	67~80cm
분포	유럽, 동아시아(한국, 중국, 일본)
세부 특징	주둥이는 뾰족하고, 귓바퀴가 작고 둥글다. 몸은 땅딸막하고 네 다리는 짧으며, 꼬리는 굵고 짧다. 몸의 털은 길고 황갈색이며, 등면의 중앙부와 어깨는 끝이 검은 털이 많다. 얼굴, 목, 가슴 및 네 다리는 흑갈색이다. 추운 겨울이 되면 털이 더 길어진다. 번식기는 3월이고, 임신 기간은 60~63일이며, 한배에 3~8마리의 새끼를 낳는다.

너구리 ⓒ 오대현

거주지와 화장실을 구분하는 오소리

야행성으로 주로 지렁이와 곤충을 먹지만 소형 설치류, 조류, 파충류, 곤충, 과일, 나무뿌리 등을 먹는 잡식성이다. 굴을 파고 살기 때문에 주로 산림이나 초원지대에 서식한다. 오소리는 화장실 전용 굴을 따로 만들어 거주지와 구분할 정도로 깔끔한데, 이 화장실 굴이 냄새로 벌레를 유인해 오소리의 식량이 되기도 한다. 대부분의 족제비과, 고양이과 동물들처럼 덩치에 비해 싸움을 잘하는 편이라 대형 육식동물이 거의 사라진 환경에서 천적은 없는 편이다. 족제비과 동물 중에서는 유일하게 동면하는 동물로 11월 말이나 12월 초에서 2, 3월까지 짧은 겨울잠을 잔다.

오소리 ⓒ 오대현

오소리
Meles meles

분류 체계	Chordata 척삭동물문 > Mammalia 포유동물강 > Carnivora 식육목 > Mustelidae 족제비과 > Meles 오소리속
크기	74~98cm
분포	한국, 중국, 일본, 시베리아, 유럽
세부 특징	얼굴은 원통형으로 귀가 작고 주둥이가 뭉툭하며 좁고 검은 줄무늬가 눈과 귀 위로 나 있다. 사지는 굵고 앞뒷발의 발톱이 매우 길고 날카로워 땅을 파기에 적합하다. 털은 거칠고 끝이 가늘며 뾰족하다. 몸은 회백색이고 배쪽은 암갈색을 띤다.

식물의 천적인 외래종 대만꽃사슴

최근 철원의 민통선이북지역에 설치한 무인센서카메라에서 대만꽃사슴이 촬영되었다. 대만꽃사슴은 1970년대 녹용 채취 목적으로 대만에서 수입한 후 농장에서 기르던 개체가 탈출했거나 종교단체에서 방생하여 현재 우리나라 곳곳에 서식하고 있다. 최근 속리산국립공원 일대에서는 개체수가 늘어나 조절에 나서고 있으며, 대전현충원 인근에도 많은 개체가 서식한다. 우리나라에 서식하는 고라니, 노루, 산양, 사향노루 등의 우제목 종들과 서식지 및 먹이를 공유하기 때문에, 대만꽃사슴의 개체수가 지나치게 늘어나면 이들의 서식에 위협이 될 것으로 보인다.

대만꽃사슴 ⓒ 오대현

대만꽃사슴
Cervus nippon taiouanus

분류 체계 Chordata 척삭동물문 > Mammalia 포유동물강 > Artiodactyla 우제목 > Cervidae 사슴과 > Cervus 대만꽃사슴속
크기 1.3~1.5m
분포 대만
특이사항 외래종
세부 특징 대륙사슴과 같은 종이나 다른 아종이다. 여름에는 털 색깔이 연한 갈색을 띠고, 겨울에는 오렌지빛 갈색에 가깝다. 흰 반점은 겨울에 더 적게 나타난다. 꼬리 중앙에 뚜렷한 검은색 선이 있으며, 등의 정중선 위에 검은줄이 있다. 산악지대에 서식하며 낙엽이나 식물의 어린 싹을 먹는다. 1년에 1회 번식하며, 한배에 1마리 새끼를 낳는다.

참생태연구소
오대현

박사과정으로 삵의 행동권 변화를 연구했고, 현재는 식육목 종의 생태를 연구 중이며 국립생태원이 수행하는 다양한 조사 과제에 참여하고 있다. 이번 DMZ 생태조사를 통해 얻은 가장 큰 수확은 과거 우리나라에 서식했다가 사라진 사향노루와 반달가슴곰의 서식 증거를 찾아낸 것이라고. 그러나 2019년 이전까지 다수 확인되던 멧돼지의 개체수가 아프리카돼지열병의 유행 이후 현저히 줄어든 것은 연구자로서 못내 안타까운 부분이다.

동물들의 사생활

동물, 그중에서도 빠른 속도로 움직이는 포유류들의 생활상을 카메라에 담기란 어렵다. 작은 소리나 움직임에도 민감한데다, 유난히 인간을 경계하기 때문이다. 그래서 근래에는 동물들이 자주 다닐 것으로 예측되는 지점에 고성능 무인센서카메라를 설치해 동물들의 생태를 관찰하는 조사법이 널리 쓰인다. 국립생태원도 지난 2015년부터 DMZ와 민통선이북지역 주요 포인트에 무인센서카메라를 설치하여 주기적으로 모니터링하고 있는데, 여기 포착된 날 것 그대로의 동물들의 생활상을 몇 컷 담아보았다.

#1 카메라가 궁금한 담비와 삵

● 나무를 오르다가 우연히 카메라를 발견한 담비
2016년 민통선이북지역 동부산악권역

● 무엇에 쓰는 물건인고.. 카메라와 눈싸움 중인 삵
2015년 민통선이북지역 동부해안권역

#2 먹이 활동 중인 노루와 멧돼지

● 새끼 노루는 먹이 찾고, 엄마 노루는 망 보고
2017년 민통선이북지역 중부산악권역

● 큼큼~ 이건 먹는 건가… 막대기가 궁금한 멧돼지
2019년 DMZ 평화의 길-고성

#3 이동 중인 고라니와 멧돼지

● 고라니야 어디 가니

2017년 민통선이북지역 중부산악권역

● 바쁘다 바빠~ 어디론가 부지런히 뛰어가는 멧돼지

2020년 DMZ 평화의길-인제

#4 하천에 놀러온 반달가슴곰과 산양

● 하천변 봄나들이에 나선 반달가슴곰

2017년 민통선이북지역 중부산악권역

● 하천을 건널까말까... 산양은 고민 중

2021년 DMZ 동부지역 고성

class ③

DMZ 일원의 조류

우리나라에서 관찰되는 새는
2021년 기준 548종(국립생물자원관
국가생물종목록)이며,
이 중 DMZ 일원에서는 266종
(국립생태원, 2016)이 확인되었다.

이는 국내에서 관찰되는 조류의 48.5%에
해당한다. 특히 멸종위기 야생생물
61종에서 70%가 넘는 43종이 서식하는
DMZ는 그야말로 야생조류의 천국이다.
DMZ의 특성상 조사할 수 없는 지역이
많은 제한적 조사라는 점을 고려하면
이보다 더 많은 종이 서식할 가능성도 크다.

이렇게 역사적 아픔을 품은
금단의 땅은 지난 70여 년 동안 다양한
새들의 피난처가 되었다.

국경이 없는 DMZ 일원의 조류

남한과 북한 사이의 국경에는 복잡한 경계선이 있다. 1953년 한국 군사정전에 관한 협정으로 확정된 군사분계선(MDL)을 중심으로 남한과 북한에 각각 남방한계선(SLL)과 북방한계선(NLL)이 있다. 우리는 이 구간을 비무장지대 또는 'DMZ'라고 한다. 또 남방한계선 아래는 민간인통제선(CCL)과 군사보호구역 등 다양한 경계가 있는데, 엄격한 통제하에 사람의 발길이 끊긴 채 70년이 넘는 세월이 흘렀다. 하지만 부지불식간에 헤어진 가족이 왕래 조차 할 수 없는 우리와 달리 강, 바다, 하늘로 이동할 수 있는 야생동물, 특히 새에게 이러한 국경은 의미 없는 경계에 불과하다.

이런 특성 때문에 새가 자유롭게 비무장지대를 넘어 휴전 이후 생사조차 알 수 없었던 부자간의 소식을 이어준 사연도 있다. 한국의 '새아버지'라 불렸던 조류학자 원병오(1929~2020) 박사는 개성 출신으로 한국전쟁 때 남한으로 넘어온 뒤, 남한의 조류학을 이끌었다. 한편 부친인 원홍구(1888~1970) 박사는 일제 강점기 대표적인 생물학자로, 광복 후 김일성종합대학 교수를 거쳐 북한과학원 생물학연구소장을 역임하는 등 북한 생물학을 이끌던 학자였다. 전쟁 이후 남한의 원병오 교수는 철새의 이동경로를 연구하기 위해 다양한 새의 다리에 가락지를 부착하였는데, 그중 1963년에 가락지를 달아 날려 보낸 북방쇠찌르레기가 1965년 평양에서 부친 원홍구 박사에 의해 발견된 것이다. 그러나 안타깝게도 원홍구 박사는 1970년에 세상을 떠나, 결국 두 사람은 상봉하지 못했다. 북한, 일본, 러시아(당시 소련)에서는 이 기적같은 사연을 언론에서 대대적으로 조명했고, 1993년에는 일본과 북한이 합작해 이 사연을 소재로 〈새〉라는 영화를 만들었다. 북한에서는 원홍구 박사 사후(死後)에 박사와 북방쇠찌르레기가 그려진 기념우표를 발행하기도 했다.

생명의 땅, DMZ　　　　DMZ 일원의 조류

DMZ 위를 날고 있는 두루미 무리 ⓒ 정승익

철새의 효과적 보전을 위한 이동경로 연구

DMZ 일원이 철새에게 중요한 곳이니만큼 철새 이동경로 연구 방법에 대해 먼저 알아보도록 하자. 철새는 번식지와 월동지를 오가며 장거리를 이동하는 종이다. 자연히 철새들은 여러 나라를 번식지와 기착지(에너지를 충전하기 위해 중간에 쉬는 장소), 월동지로 이용하기 때문에 한 국가의 노력만으로는 철새 보전에 한계가 있다. 즉, 철새의 효과적 보전을 위해서는 이동경로를 파악해 각각의 서식지에 대한 다국적 관리와 보호가 필요한 것이다.

철새의 이동경로를 파악하기 위해서는 야생조류에 표지를 해서 개체를 식별하는 것이 필수적이다. 개체 식별은 우리의 주민등록번호와 같아서 해당 종의 이동경로뿐만 아니라, 수명, 암·수간의 차이, 세력권, 귀소 등 다양한 생태 정보를 확보할 수 있는 근거가 된다. 표지 방법으로는 수명이 긴 알루미늄으로 만든 금속가락지나 육안으로 개체를 식별할 수 있는 유색 플라스틱 가락지를 널리 사용한다. 우리나라에서는 1963년 국제조류보호연맹(ICBP)과 미국의 지원을 받아 가락지 부착을 시작하여 1970년까지 134종, 18만 5,700여 마리의 야생조류에 가락지를 달아 날려 보냈다.* 최근에는 국립공원연구원 철새연구센터에서 2005년부터 2016년까지 총 250종 6만 9,268마리의 철새에게 금속 가락지를 부착했고, 이 중 러시아, 태국, 일본 등 8개국에서 가락지를 부착한 개체가 다시 포획되는 등 총 18종 28개체의 이동경로를 알게 되었다.*

* 원병오, 2002

* 국립공원관리공단 보도자료 (2017.4.14.)

조류를 촬영·관찰하는 조사자

두루미 ⓒ 유승화

두루미
Grus japonensis

분류 체계	Aves 조강 > Gruiformes 두루미목 > Gruidae 두루미과 > Grus 두루미속
크기	약 140cm
분포	한국, 러시아, 중국, 일본, 몽골
특이사항	겨울철새
세부 특징	러시아, 중국, 몽골의 습초지에서 번식하고, 이후에는 어미새와 유조가 함께 남하하여 한국, 중국에서 월동한다. 벼, 식물 뿌리, 미꾸라지, 다슬기 등을 먹지만 동물성 먹이를 선호한다. 몸은 흰색이고, 정수리는 붉은색, 눈앞과 멱, 목, 길게 늘어진 셋째 날개깃은 검은색으로, 암수의 형태가 유사하다.

DMZ의 새가 된 두루미와 재두루미

십장생의 하나로 알려진 두루미(학)는 예로부터 길조로 여겨, 민화와 도자기 등의 예술 작품에 자주 등장하며 지조 있는 선비에 비유되었다. 일례로 고려시대 궁중무용인 '학춤'은 두루미 암수가 춤추는 모습을 묘사한 것이고, 오백 원짜리 동전에도 두루미가 새겨져 있다. 우리에게 친숙한 두루미는 우리나라에 매년 10월 말부터 도래하여 3월 중순 무렵 다시 번식지(러시아, 중국의 북동지역)로 떠나는 겨울철새이다. 제2차 세계대전 이전까지는 겨울철에 내륙지역뿐만 아니라 남한의 해안지역(인천, 서산, 당진, 강진, 진도, 해남, 장흥 등)에도 두루 서식하였다. 그러나 한국전쟁 이후에는 분포지역이 감소하여 주로 중부지방(인천, 김포, 임진각, 대성동, 연천, 철원, 양양 등)과 순천만에서 관찰되다가 지금은 강화도, 대성동, 연천, 철원평야 등 DMZ 일원에 매우 한정적으로 서식하고 있다.

두루미의 개체수 조사는 1970년대부터 시작되었는데, 당시에는 인천 연희동, 파주 자유의 마을, 대성동, 철원평야에서 125~150마리가 보고되었다(Won 1980). 이후 비무장지대의 철원, 연천, 파주, 강화도 조사 결과 1999년 382마리에서 2010년 1,051마리로 개체수가 증가하였고, 현재는 최대 1,600마리 이상이 관찰되고 있다.*

*겨울철 조류 동시 센서스 자료, 1999~2021

생명의 땅, DMZ   DMZ 일원의 조류

재두루미 ⓒ 유승화

재두루미
Grus vipio

분류 체계	Aves 조강 > Gruiformes 두루미목 > Gruidae 두루미과 > Grus 두루미속
크기	약 127cm
분포	한국, 러시아, 중국, 일본, 몽골
특이사항	겨울철새
세부 특징	암수의 형태가 유사한데, 몸통은 회색이고 눈 주위로 붉은색 피부가 노출되어 있다. 머리와 뒷목은 흰색, 목 앞은 회색이다. 첫째와 둘째 날개깃은 검은색이지만, 날개를 접고 있을 때는 흰색의 셋째 날개깃이 덮고 있다.

현재 두루미 최대 서식지인 철원평야에서만 약 1,100마리가 관찰되는데,* 이는 전 세계 생존 개체군(2,000~2,650마리, BirdLife International)의 약 50%에 해당한다. 이외에 경기도 연천, 파주 대성동, 강화도에서 약 500마리가 관찰되고 있다.

두루미와 함께 DMZ의 대표적인 새는 재두루미다. 재두루미는 형태적으로 두루미와 비슷하지만, 몸통이 전반적으로 흰색인 두루미와 달리 회색을 띠고 있어 '재두루미'로 이름 붙여졌다. 1970년대까지는 한강하구가 재두루미의 최대 서식지였으나, 하구역 일대의 갯벌과 사주 등이 훼손되면서 두루미와 같은 처지가 되었다. 북상하는 민간인통제선의 농경지를 따라 철원평야를 중심으로 개체수가 증가하여, 2021년 철원평야에서 약 5,500마리 이상 관찰되고 있다.* 개체수 증가 추세는 두루미류 보전 관점에서 다행스러운 일이지만, 월동지의 상황이 좋아져서가 아니라 번식지의 환경과 번식성공률이 높아졌기 때문으로 해석된다. 오히려 우리나라에서 이들이 필요로 하는 서

* 국립생물자원관, 2021

* 국립생물자원관, 2021

식지는 빠른 속도로 감소하고 있어, 미래는 불투명하다. 실제로 1970년대 두루미와 재두루미의 주요 도래지였던 임진강과 한강이 합류하는 하구역의 하안과 삼각주 일원의 광활한 습초지는 사라졌고, 주변 농경지는 대도시로 바뀌었다. 연천 임진강 상류 군남댐이 건설되면서 중요한 취식지 일부가 수몰되고, 잠자리로 이용되는 얕은 여울들이 사라졌으며, 그나마 남아있던 일부 취식지도 고부가가치 작물인 인삼밭과 비닐하우스로 변경되는 등 새들은 열악한 환경에 내몰리고 있다. 최근 철원의 민간인통제구역과 주변 농경지에 먹이 공급을 시작하면서 두루미와 재두루미의 개체수가 안정적으로 증가하고 있지만, 전문가들은 집중화 현상을 매우 우려하고 있다. 새들이 일부 지역에 집중되면 감염병에 취약해지고 집중된 일부 서식지가 여러 가지 이유로 악화될 경우 개체군이 급격하게 감소할 수 있기 때문이다.

두루미와 재두루미의 유일한 피난처 DMZ

두루미와 재두루미는 겨울철에 가족군을 형성하며, 경계심이 강해 사람이 접근하면 경계 태세가 심해져 다른 지역으로 날아가 버린다. 새가 경계 반응을 보이기 시작하는 거리를 간섭거리라고 하는데, 두루미와 재두루미는 약 65~125m 이내에서 반응하는 매우 민감한 종이다. 이들은 인간과 최소한 300m 이상의 거리가 확보돼야 안정적으로 먹이활동을 하며, 차량이나 사람의 통행량이 많을수록 먹이활동하는 개체군이 감소했다는 연구 사례도 있다.* 최근 우리나라 두루미류의 최대 월동지인 철원평야에는 한강하구나 연천과 같은 급격한 변화가 일어나고 있다. 민간인통제선이 북상하면서 안정적인 서식지가 축소되고, 인간에 의한 방해 강도가 높아졌으며, 중요한 취식지인 논의 면적도 축사, 시설 경작지, 태양광발전 부지 등으로 바뀌면서 빠른 속도로 감소하고 있다. 이런 상태가 지속된다면 두루미와 재두루미의 유일한 피난처였던 DMZ 일대의 철원평야도 머지않아 이들을 품어주지 못하게 될 것이다. 철원평야가 사라지는 것은 전 세계 두루미류 개체군의 절반 이상이 갈 곳을 잃는다는 것을 의미한다. 우리가 DMZ 일원의 서식지를 보전해야 할 이유가 너무도 확실해졌다. 역사적으로 친숙했던 겨울철새 두루미와 재두루미에게는 이제 DMZ 일원의 서식지밖에 남지 않았다.

*
유승화, 2007

DMZ 일원은 사람의 발길이 끊긴 세월만큼 다양한 조류를 품어 왔다. 맹금류에서 소형 참새목에 이르기까지 DMZ 일원에서 살아가는 몇몇 종들을 살펴보자.

DMZ 일원의 맹금류

맹금류는 육식성 조류로 매목 수리과는 대부분 부리가 육중하고, 날개가 넓고, 꼬리가 짧은 형태적 특징을 보인다. 또한 매과는 길고 뾰족한 날개와 긴 꼬리를 가지며, 대체로 몸집은 크지 않고 날렵한 몸매가 특징이다. 빠른 비행 속도로 먹이를 공중에서 추격하거나, 먹잇감이 있는 지점을 빠른 속도로 덮쳐 사냥한다.

독수리 ⓒ 이윤경

독수리
Aegypius monachus

분류 체계 Aves 조강 > Falconiformes 매목 > Accipitridae 수리과 > Aegypius 독수리속
크기 100~110cm
분포 한국, 몽골, 티베트, 중국, 중앙아시아, 유럽 남부
특이사항 겨울철새
세부 특징 우리나라에 도래하는 수리류 중 가장 크다. 몸 전체가 검은색이고, 성조 머리의 뒤쪽과 목은 회갈색, 어린 개체는 검은색이다. 상승기류를 이용해 비행하며 시각과 후각을 이용해 썩은 동물의 사체를 찾아 먹는다. DMZ 일원에서 많은 개체가 관찰되었으나, 최근에는 월동 개체군이 증가하면서 남부지방까지 확장되고 있다.

붉은배새매
Accipiter soloensis

분류체계 Aves 조강 > Falconiformes 매목 > Accipitridae 수리과 > Accipiter 새매속
크기 약 30cm
분포 온대, 아열대에 이르는 아시아 지역
특이사항 여름철새
세부 특징 국내에서는 흔하게 관찰할 수 있는 여름철새다. 가슴과 옆구리가 황갈색을 띠고 있어 붉은배새매라는 이름이 붙여졌다. 약 11m 높이의 나무줄기에 둥지를 틀며, 5월에 흰색 알 3~4개를 낳는다. DMZ 일원의 임진강하구와 서부평야에서 많은 개체수(15~29마리)가 관찰되었다.

붉은배새매 ⓒ 신주열

2015~2020년 국립생태원 조사 결과에 따르면, DMZ 일대에서 맹금류만 총 17종이 관찰되었다. 이는 우리나라에서 확인된 맹금류(수리과, 매과) 37종의 46%에 해당된다. 주로 독수리, 붉은배새매, 새호리기, 말똥가리가 각각 30마리 이상 관찰되었고, 벌매, 황조롱이, 참매, 왕새매가 각각 20마리 이상, 비둘기조롱이, 쇠황조롱이, 흰꼬리수리, 잿빛개구리매, 알락개구리매, 조롱이, 새매, 털발말똥가리, 검독수리 등이 10마리 이내로 관찰되었다. 최상위포식자인 맹금류가 다양하고 안정적인 개체수로 서식한다는 것은 그 지역의 생태계가 건강하다는 방증이다.

다양한 종류의 맹금류가 살아가기 위해서는 그들을 부양할 수 있는 생태계의 다양성 즉, 다양한 서식지와 종이 존재한다는 의미다. DMZ 일원의 생태조사가 군의 통솔하에 매우 제한된 경로에서만 가능하다는 점을 고려하면, 관찰된 종 수와 개체수보다 다양한 맹금류가 DMZ 일대에서 서식하는 것으로 보인다.

새호리기 ⓒ 이윤경

새호리기
Falco subbuteo

분류체계	Aves 조강 > Falconiformes 매목 > Falconidae 매과 > Falco 매속
크기	33~35cm
분포	한국, 중국, 시베리아, 몽골, 일본, 인도, 말레이시아 등
특이사항	여름철새
세부특징	머리부터 윗꼬리덮깃까지 어두운 회갈색이며, 가슴과 배는 크림색 바탕에 어두운 갈색의 세로 줄무늬가 있고, 유조는 가로 줄무늬가 있다. 직접 둥지를 틀지 않고 다른 새의 옛 둥지를 이용하며, DMZ 일원에서는 임진강평야, 연천, 철원 일대에서 많은 개체(9~19마리)가 확인되었다.

검독수리
Aquila chrysaetos

분류체계	Aves 조강 > Falconiformes 매목 > Accipitridae 수리과 > Aquila 검독수리속
크기	75~90cm
분포	유럽, 아시아, 북아메리카 북부
특이사항	겨울철새, 일부 텃새
세부특징	검독수리는 우리나라에서 서식하는 맹금류 중 독수리 다음으로 크고, 암컷이 수컷보다 더 크다. 과거에는 산악지대의 암벽에서 드물게 번식했으나 최근에는 번식이 확인되지 않는다. 국내에서 관찰되는 검독수리는 북반구에서 겨울을 나기 위해 온 겨울철새이다.

검독수리 ⓒ 신주열

앞으로 활발한 연구가 필요한 벌매

벌매는 이름에 걸맞게 벌의 성체와 애벌레를 사냥하는 토종벌의 대표적 천적이다. 봄과 가을철에 한반도를 지나가는 나그네새로, 내륙보다 해안과 섬에서 큰 무리를 지어 이동하는 벌매 떼가 자주 발견된다. 2009년 가을 소청도에서 4,000마리 이상의 대이동이 확인되기도 했다. 세계적으로 알려진 번식지는 주로 극동지역이며 몽골 동부, 중국 황하 하류, 한반도, 일본 등 동북아시아까지 번식하는 것으로 알려져 있다. 한편 동남아시아의 열대지방에서 사는 벌매는 이동하지 않고, 연중 생활하기도 한다.

과거 1958~1970년까지 벌매는 번식기(여름철)에 여러 차례 관찰되었고, 1957년에는 유조가 발견되어 국내 번식 가능성이 제기되었으나 끝내 둥지를 찾지 못했다. 2000년대에 들어 과거보다 많은 지역에서 여름철에 벌매가 관찰되고 있으나, 발견되는 둥지는 소수에 불과하다. 2009년 강원 홍천에서 벌매 둥지가 발견되었고, 이후 해발 1,000m 이상의 백두대간에서 드물게 관찰되고 있다. 흥미로운 것은 2015년부터 2020년까지 DMZ 일원의 전 조사 구간마다 최소 2마리에서 최대 10마리까지 번식기에 벌매가 관찰되었다는 사실이다. 아마 DMZ 내 더 많은 지역에 접근할 수 있다면, 벌매 둥지가 발견될 가능성도 높을 것이다. 장거리를 이동하는 벌매는 봄과 가을철 한반도의 바람 방향에 맞춰 이동경로가 달라진다. 기후변화에 따른 기류의 변화는 벌매의 이동경로에 큰 영향을 끼칠 수 있어, 앞으로 활발한 연구가 필요하다.

벌매 ⓒ 신주열

벌매
Pernis ptilorhynchus

분류 체계   Aves 조강 > Falconiformes 매목 > Accipitridae 수리과 > Pernis 벌매속
크기   약 60cm
분포   아무르 지역, 사할린, 몽골, 중국 황하 하류, 일본, 동남아시아
특이사항   나그네새
세부 특징   몸 윗면은 갈색 또는 흑갈색이지만 깃털 색의 변이가 다양하다. 형태적으로 목이 길고, 날개는 몸에 비해 길고 폭이 넓으며, 꼬리는 길고 둥근 형태다. 부리나 다리로 땅속의 벌집을 파헤쳐 그 속의 유충이나 번데기, 다 자란 벌 등을 먹으며, 조류의 옛 둥지를 보수하여 사용한다.

매사냥에 이용되었던 참매

수리과에 속하는 중형 맹금류인 참매는 '매사냥'으로 우리에게 친숙한 새다. 참매는 힘이 세고, 본인보다 몸집이 큰 사냥감을 공격하는 용맹한 기질 때문에 예로부터 맹금류를 이용하여 꿩, 토끼 등 야생동물을 사냥하는 이른바 '매사냥'에 이용되었다. 인류가 가축을 기르기 시작한 신석기시대 전후에 매사냥이 이집트 등 중앙아시아에서 생겨난 것으로 추정하는데, 우리나라에서는 매사냥 기록이 고구려 삼실총 무덤 벽화에 있다. 이후 고려에서 조선시대에 이르기까지 왕들이 매사냥을 즐겼다는 기록이 『삼국유사』, 『삼국사기』 등 여러 문헌에 남아있다.

참매는 개활지와 숲 인근의 평지, 하천변 등에서 살고, 번식할 때는 비교적 깊은 숲속에서 키가 큰 수목 줄기의 4~8m 높이에 둥지를 튼다. 외형적으로 날개 길이는 비교적 짧고 폭이 넓으며, 긴 꼬리가 특징이다. 비행 능력이 좋아 꿩, 비둘기, 오리 등 다양한 조류를 공중에서 추적하여 사냥하거나, 토끼와 같은 포유류가 포착되면 공중에서 목표 지점으로 내리꽂아 발톱으로 사냥감을 제압한다. DMZ 일원의 모든 조사 지역에서 참매가 관찰되었고, 서쪽의 평야보다 동부 산악지대에서 많은 개체가 서식하였다.

참매 ⓒ 한반도의 생물다양성

참매
Accipiter gentilis

분류체계 Aves 조강 > Falconiformes 매목 > Accipitridae 수리과 > Accipiter 새매속
크기 50~56cm
분포 한국, 중국, 일본, 유럽, 북아메리카, 시베리아
특이사항 텃새, 겨울철새
세부 특징 암수의 형태가 유사하며, 흰색의 굵은 눈썹선과 두꺼운 검은색 눈선이 특징이다. 머리부터 등, 날개 윗면, 꼬리는 진한 청회색이고 가슴과 배에는 흰색에 흑갈색 가는 줄무늬가 있다. 산림, 인근 하천 등 평야에서 암수가 함께 생활하거나 단독으로 생활한다.

흰눈썹황금새 © 신주열

흰눈썹황금새
Ficedula zanthopygia

분류 체계	Aves 조강 > Passeriformes 참새목 > Muscicapidae 솔딱새과 > Ficedula 황금새속
크기	13cm
분포	한국, 중국, 말레이시아, 수마트라 등 동남아시아
특이사항	여름철새
세부 특징	과거에는 흔한 여름철새였으나 최근 개체수가 감소한 종으로 임진강하구, 연천, 철원, 화천 등 DMZ 일원에서 많은 개체수가 확인된 바 있다. 주로 가지 위에 둥지를 만들기도 하고, 나무 구멍이나 인공 둥지 상자를 둥지로 이용한다.

많은 개체수가 번식하고 있는 흰눈썹황금새

솔딱새류에 속하는 흰눈썹황금새의 수컷은 몸 윗면의 검은색과 아랫면의 선명한 노란색이 대조적으로 돋보이며, 검은색 머리에 마치 신선의 눈썹처럼 확연한 흰색 눈썹이 특징이다. 이에 반해 암컷의 윗면은 녹회색, 아랫면은 흰색에 가까운 옅은 노란색이고, 눈썹선은 짧고 선명하지 않다. 도시 주변, 공원, 산림에 서식하며, 나무 구멍에 접시 모양의 둥지를 틀고, 주로 곤충류와 거미류를 먹고 산다. 과거 우리나라 전역의 도시 주변, 공원, 농촌의 숲에서 쉽게 관찰되었으나 최근에는 전국적으로 분포하지만 흔치 않은 여름철새가 되었다. DMZ 일원에서는 서부임진강하구, 서부평야, 중부산악지역에서 17~38마리가 확인되어, 많은 개체수가 번식하고 있는 것으로 추정된다. 인간의 간섭이 덜한 DMZ 일원의 산림과 농경지는 흰눈썹황금새에게 필요한 먹이가 풍부한 것으로 판단된다.

다른 지역에 비해 많이 관찰되는 호반새와 청호반새

호반새는 온몸이 붉고, 부리와 다리는 짙은 붉은색으로 열대지방의 새처럼 화려하다. 청호반새 역시 부리와 다리는 짙은 붉은색이고 머리는 검은색, 등은 광택이 있는 코발트색, 배는 흰색과 주황색으로 화려한 것이 특징적이다. 호반새는 산간 계곡, 호숫가, 숲의 나무구멍이나 벼랑의 동굴, 흙벽의 구멍을 둥지로 이용하며, 청호반새는 주로 호숫가나 산림 사면의 흙벽에 직접 구멍을 파서 둥지를 만든다.

호반새와 청호반새는 최근 20여 년 사이 개체수가 급격하게 감소한 종으로 꼽히는데, 이는 특정 둥지 장소를 선호하는 호반새류의 생태적 특성과 관련이 있는 것으로 보인다. 둥지를 트는 고목의 구멍이나 자연적으로 생겨난 흙벽이 많이 사라졌으며, 청호반새의 경우 임도나 도로가 만들어질 때 인위적으로 생겨난 절개면의 흙벽을 이용하기도 하는데, 최근에는 이 절개면이 콘크리트 옹벽이나 식생 블록으로 덮여 번식할 장소가 감소한 것도 원인 중 하나로 추정된다. 환경오염으로 인한 먹이원 감소 역시 개체수 감소의 원인으로 해석할 수 있다. 상대적으로 DMZ 일원의 서부평야와 동부 해안지역에서 호반새와 청호반새가 많이 관찰되었는데, 이 일대는 호반새류에게 필요한 번식환경이 갖춰져 있는 것으로 보인다.

청호반새
Halcyon pileata

분류체계	Aves 조강 > Coraciiformes 파랑새목 > Alcedinidae 물총새과 > Halcyon 호반새속
크기	28cm
분포	한국, 중국, 인도, 스리랑카, 보르네오 등
특이사항	여름철새
세부 특징	우리나라 전 지역에 도래하지만 비교적 드문 여름철새로, 주로 농경지나 구릉지, 호숫가 근처에서 생활한다. 청호반새는 사람의 거주지역과 가까운 숲과 산지 습지에서 서식하며, 사냥하거나 휴식할 때 주로 전선이나 노출된 가지에 있어 쉽게 눈에 띈다.

청호반새 © 정병순

그 외 DMZ 일원에서 확인된 조류들

꾀꼬리는 우리나라 전역의 도시 공원, 산림, 농경지 등에서 쉽게 관찰되는 대표적인 여름철새이다. 아름다운 울음소리를 내기 때문에 목소리가 아름다운 사람을 꾀꼬리에 비유하기도 하지만 간혹 '케엑~' 소리를 내기도 한다. DMZ 일원에서는 약 200마리의 서식이 확인되었는데, 산악지대보다는 임진강하구와 철원평야 등에서 유독 많은 수(180마리 이상)가 관찰되었다.

꾀꼬리 ⓒ 이윤경

꾀꼬리
Oriolus chinensis

분류 체계 Aves 조강 > Passeriformes 참새목 > Oriolidae 꾀꼬리과 > Oriolus 꾀꼬리속
크기 약 26cm
분포 한국, 중국, 인도차이나반도, 말레이반도 등
특이사항 여름철새
세부 특징 몸 전체가 선명한 노란색이며, 부리는 붉은색이어서 쉽게 눈에 띈다. 세력권 방어행동이 강해 세력권 내에 들어온 맹금류를 공격하기도 한다. 5~7월 교목의 가지 끝에 나무껍질, 풀잎, 줄기 등과 거미줄을 엮어 밥그릇 모양의 둥지를 만들어 알을 낳는다.

오색딱다구리는 울릉도와 제주도를 제외한 우리나라 전역에서 볼 수 있는 흔한 텃새다. 딱다구리가 나무 기둥이나 가지를 두들기는 것은 둥지를 만들기 위한 목적도 있지만, 대부분 세력권을 방어하고 암컷에게 구애하기 위한 행동이다. DMZ 일대의 서부지역에서 동부지역까지 많은 개체수가 관찰되었는데, 산악지역보다는 저지대에 더 많이 분포하였다.

오색딱다구리 ©장병순

오색딱다구리
Dendrocopos major

분류 체계 Aves 조강 > Piciformes 딱다구리목 > Picidae 딱다구리과 > Dendrocopos 딱다구리속
크기 약 24cm
분포 한국, 러시아, 유럽, 북아메리카
특이사항 텃새
세부 특징 나무 줄기에 구멍을 파고 긴 혀를 이용해 곤충의 유충을 잡아먹으며, 식물의 열매도 먹는다. 둥지를 만들기 위해 강한 부리로 직접 구멍을 내는데, 이 나무 구멍은 동고비, 소쩍새, 원앙 등 다른 조류가 둥지로 이용하기도 한다.

쇠딱다구리는 나무 위에서 생활하는 흔한 텃새로 가을과 겨울에는 다른 종과 혼성군을 이루어 무리지어 생활한다. 번식기에는 단독 혹은 암수가 함께 생활하며, 암컷의 뒷머리 양쪽에는 붉은색 깃털이 없어 수컷과 구별된다. 활엽수림이나 잡목림의 교목 줄기에 구멍을 파서 둥지를 만들며, 주로 파충류와 식물의 열매를 먹는다. DMZ 일대의 전 지역에서 100마리 이상 관찰되었으며, DMZ의 서쪽 저지대와 동쪽 산악지역 전체에 고르게 분포하였다. 쇠딱다구리는 다른 딱다구리류와 마찬가지로 부리로 나무기둥이나 가지를 두들겨 의사소통을 한다.

쇠딱다구리
Dendrocopos kizuki

분류 체계 Aves 조강 > Piciformes 딱다구리목 > Picidae 딱다구리과 > Dendrocopos 딱다구리속
크기 약 13cm
분포 한국, 중국, 우수리, 사할린, 쿠릴 열도 등
특이사항 텃새
세부 특징 수컷의 이마, 머리 꼭대기, 뒷머리, 뒷목은 잿빛 갈색이며, 뒷머리의 양쪽에는 붉은색 깃털이 있다. 암컷의 뒷머리 양쪽에는 붉은색 깃털이 없어 수컷과 구별된다. 교목 줄기에 구멍을 파서 둥지를 만들며, 주로 파충류와 식물의 열매를 먹는다.

쇠딱다구리 ⓒ 장병순

뻐꾸기는 대표적인 탁란성 조류로 5월부터 우리나라 전역에서 볼 수 있는 흔한 여름철새다. 낮은 지대의 산지, 넓게 트인 개활지와 농경지 등 다양한 곳에서 살며, 주로 붉은머리오목눈이의 둥지에 탁란한다. DMZ 일원 내륙의 산악지역보다는 서쪽 저지대와 철원평야에서 많은 개체수가 확인되었다. 아마도 주요 숙주종(붉은머리오목눈이 등)이 선호하는 서식지와 밀접한 연관이 있을 것으로 추측된다.

뻐꾸기
Cuculus canorus

분류 체계	Aves 조강 > Cuculiformes 두견목 > Cuculidae 두견과 > Cuculus 두견속
크기	32~36cm
분포	유라시아의 온대-아한대, 아프리카, 동남아시아 등
특이사항	여름철새
세부 특징	외형적으로 암수가 유사한데, 배와 그 아랫부분은 흰색 바탕에 옅은 검은색의 가는 가로줄무늬가 있다. 수컷이 암컷보다 약간 크고, 눈과 눈테가 노란색이다. 주로 곤충을 먹는데, 송충이와 같이 털이 난 애벌레를 선호한다.

뻐꾸기 ⓒ 이윤경

국립생태원 보호지역팀
이윤경

어린 시절부터 동물을 좋아해 생물학과에 진학했으며, 2014년 국립생태원에 입사하여 현재 생태조사연구실 보호지역팀에서 환경부 보호지역인 생태경관보전지역 정밀조사와 세계적으로 멸종에 직면한 바닷새인 뿔제비갈매기를 연구하고 있다. 지금과 같은 추세로 서식지가 사라진다면, 두루미, 재두루미도 머지않아 뿔제비갈매기처럼 '절멸 직전'에 놓이게 될 수 있다. 이를 막기 위해서는 우선적으로 DMZ 서식지가 지켜져야 한다. 앞으로도 사람과 새가 공존할 수 있는 방법을 고민하면서 연구에 매진할 계획이다.

생명의 땅, DMZ   두루미 탐구생활

세계가
DMZ를 주목하는
또 다른 이유,

두루미

두루미
Grus japonensis

흑백의 대비가 만들어내는 두루미의 우아함에 화룡점정이 되는 붉은 색. 그런데 두루미 머리의 붉은색은 깃털이 아니라 맨살이다. 환경에 적응하기 위해 살이 자잘한 돌기 모양으로 솟아 있으며, 색이 붉은 것은 혈관 때문이다. 머리 아래로 이어지는 멱·목은 검은색이며, 몸은 흰색이고 날개의 안쪽 둘째 날개깃이 검은색이기 때문에 마치 검정색 꼬리가 있는 듯이 보인다. 매우 짧은 뒷발가락이 다리 위쪽에 붙어 있어 쉽게 걸을 수 있으나 나뭇가지에는 앉을 수 없다. 몸길이 136~140cm, 날개 편 길이 약 240cm, 몸무게 약 10kg이며, 천연기념물, 멸종위기 야생생물 Ⅰ급으로 지정되어 있다.

냉전이 만들어낸 천혜의 자연에
관심을 갖기 시작한 것은
우리만이 아니었다.
아니 어쩌면 우리보다 먼저
세계의 관심과 시선이 DMZ의
생태계에 쏠리기 시작했다.
그리고 그 중심에는 예부터 평화와
장수의 상징으로 여겼던
두루미가 있다.
전 세계 이동하는 개체수의
절반 정도가 DMZ 일원에서
겨울을 나는 두루미를 중심으로
재두루미와 흑두루미의 특성과
이동에 대해 알아본다.

재두루미
Grus vipio

몸의 대부분이 재색(청회색)인 재두루미는 눈가장자리에 돌기형 피부가 드러나 붉은색을 띤다. 머리와 목은 흰색이고, 몸의 청회색 부분은 목 옆으로 올라가면서 점점 좁아져 눈 바로 아래에서는 가는 형태를 띤다. 두루미의 검은색 다리와 다르게 재두루미의 다리는 연한 홍색이다. 몸길이 약 127cm로 두루미보다 약간 작다. 두루미류는 동물성과 식물성 모두 섭식하지만, 두루미가 동물성 먹이를 선호하는 반면, 재두루미는 낱알, 풀씨, 풀뿌리 등 식물성 먹이를 선호한다. 천연기념물과 멸종위기 야생생물 II급으로 지정되어 있다.

흑두루미
Grus monacha

이름에서 알 수 있듯, 흰색이 돋보이는 두루미와 달리 몸이 검은색을 띤다. 머리 꼭대기에는 붉은색 피부가 드러나 있지만, 두루미에 비해 아주 작은 부분이라 두드러지지 않고, 오히려 눈 주변과 이마에 검은색 털이 밀생해 특징적으로 보인다. 갈색을 띤 황색 또는 갈색을 띤 오렌지색의 홍채가 있는 눈도 두루미와는 다르게 보이는 점이다. 암수 구분 없이 몸길이는 105㎝ 정도로 대형조류이지만 두루미나 재두루미와 비교하면 작은 종이며, 번식지에서는 주로 동물성 먹이를 먹고 월동지에서는 낱알, 식물 뿌리 등 식물성 먹이를 먹는다. 세계적으로 약 15,000 마리 정도가 남아있어 천연기념물과 멸종위기 야생생물 II급으로 지정하여 보호하고 있다.

생명의 땅, DMZ 두루미 탐구생활

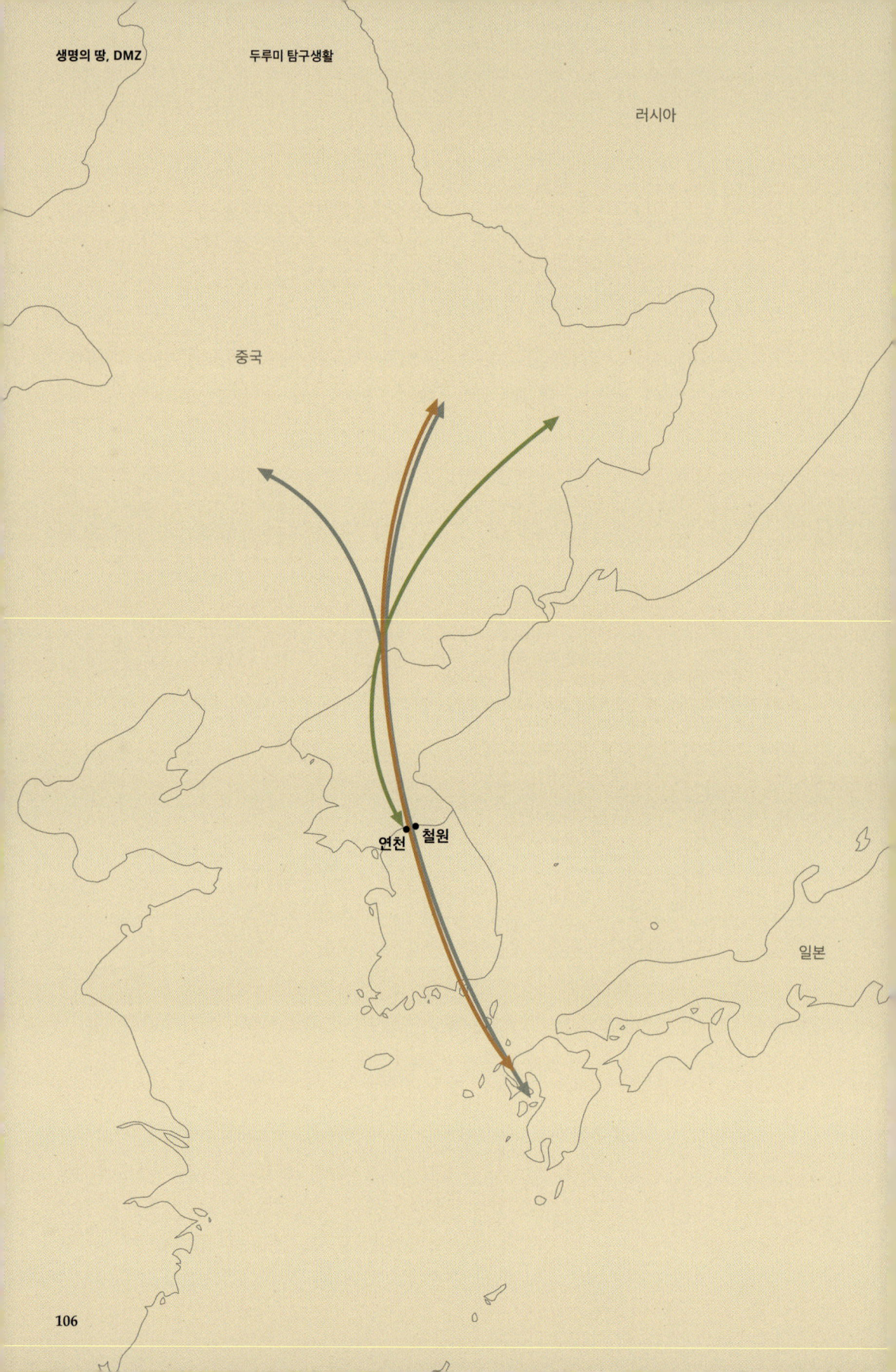

두루미류의 이동

과거 땅굴과 녹슨 철모가 DMZ의 상징적 이미지였다면, 최근에는 독수리와 두루미 등 철새를 먼저 떠올리는 사람들이 많아졌다. 심지어 철원에는 탐조를 위해 한 달 살기를 하거나 해외에서 방문하는 사람들이 있을 정도. 그중 관심을 가장 많이 받는 두루미는 1970년대까지만 하더라도 한반도 서남해안과 낙동강 하구 등에서 일부 월동했으나, 지금은 모두 훼손되어 DMZ 일원(철원, 연천, 파주 등)에서만 월동한다.

동북아시아 지역에 서식하는 두루미, 재두루미, 흑두루미는 러시아와 중국 동북부지방, 몽골의 대초원에 서식하며, 우리나라와 일본, 중국 남부지역으로 이동해 월동한다. 특히 해마다 10월이면 우리나라에 찾아와 겨울을 보내고 이듬해 3월에 돌아가는 두루미류에게 DMZ 일원 지역은 중요한 월동지이자 중간기착지이다. 그런데 두루미들은 어떻게 같은 월동지에 반복적으로 이동하는 것일까? 이는 세대를 잇는 학습을 통해 습득한 것으로 가족이 함께 이동하기 때문에 부모가 선택했던 장소를 정기적으로 찾아오는 것이다.

최근 수확이 끝난 논에 볏짚을 남겨두고 논에 물을 가두며, 먹이인 율무를 주는 등 다양한 보호활동 덕분에 DMZ 일대를 찾는 두루미류의 수는 급증하고 있다. 철원지역 모니터링 결과, 2001년에 550여 마리였던 두루미는 2020년 1,179마리, 재두루미는 2001년 1,600여 마리에서 2020년 4,870마리로 두세 배 가량 증가했다.* 하지만 상황이 낙관적이지만은 않다. 민간인통제선 축소와 개발로 인한 농경지 훼손이 위협 요인이 되고 있기 때문이다. 실제 철원의 양지리는 민간인통제선에서 제외된 뒤 월동하는 두루미 개체수가 1/10로 줄어들었다. 앞으로 두루미를 비롯한 DMZ의 생태가 세계가 아끼는 자연유산이 될 수 있도록 DMZ의 세계자연문화유산 등재, 생태조사와 보호 계획의 선행은 우리에게 남겨진 과제이다.

* 한겨레 2021. 2. 1. 기사 'DMZ 두루미는 목놓아 웁니다'

두루미
머리 윗부분 붉은색
몸길이 136~140cm

재두루미
눈가장자리 붉은색
몸길이 약 127cm

흑두루미
머리꼭대기 좁게 붉은색,
붉은 빛의 홍채
몸길이 약 105 cm

class ④

DMZ 일원의 양서·파충류

DMZ지역은 군사분계선을 기준으로 분리된 남한과 북한 사이의 완충지대라 군사 활동과 민간인의 출입이 엄격히 제한된다. 이러한 인간의 활동 제약은 야생생물들에게 DMZ가 세상에서 가장 안전한 지역으로 남을 수 있기에, 남한 어느 지역과 비교해도 높은 생물다양성을 보이게 된다.

국립생태원은 각 분야 전문가들과 함께 DMZ에 서식하는 생물을 조사하는데, 매년 DMZ지역의 놀라운 생물다양성과 가치를 확인하고 있다. 물론 양서파충류도 빼놓을 수 없다. 물과 뭍을 오가는 양서류, 뭍과 산림을 연결하는 파충류는 생태계의 중요한 중간자 역할을 한다. DMZ지역의 높은 생물다양성은 양서파충류에서도 매우 잘 나타난다. 특히 남한지역에서는 찾아보기 어려운 구렁이, 남생이, 표범장지뱀, 금개구리 등 희귀하고 소중한 생물들이 DMZ에서 발견된다.

설화와 역사의 단골손님 구렁이

DMZ에서 발견할 수 있는 대표적인 파충류는 구렁이다. 우리나라 설화와 민담에 자주 등장하는 구렁이는 때로 사람을 잡아먹거나 괴롭히는 동물로 묘사되지만, 대부분은 은혜, 보호, 임신, 복 등을 상징하는 동물로 기록되어 있다. 특히 과거 초가집이나 집에 처마가 있던 시대에는 집마다 구렁이가 살고 있었으며, 집을 지켜주는 수호신으로 여겨지기도 했다. 또 능글맞고 음흉한 행동을 하는 사람을 "구렁이 같다"고 표현할 만큼 흔한 종이었다.

구렁이는 2m까지 자라는 대형 뱀으로 과거 전국적으로 분포했지만, 서식지 파괴와 남획, 1970년대 주 먹이원이었던 쥐잡기 운동으로 개체수가 급감하면서 국가 지정 멸종위기종으로 보호받고 있다. 오늘날에는 인적이 드문 산이나 하천, 섬 등지에서 드물게 발견된다.

DMZ에서는 거의 모든 지점에서 구렁이가 발견되었으며, 일부에서는 다른 뱀류보다 구렁이가 훨씬 더 많았다. 이렇듯 멸종위기종인 구렁이가 흔히 발견되는 것은 아마도 DMZ가 야생생물에게 매우 안전한 서식처라는 방증이 아닐까. 결국 DMZ지역은 앞으로 우리의 생태계를 어떻게 보호하고 복원해야 하는지에 대한 중요한 가이드가 될 것이다.

구렁이
Elaphe schrenckii

분류 체계	Reptiles 파충강 > Squamata 유린목 > Colubridae 뱀과 > Elaphe 구렁이속
크기	110~200cm
분포	한국, 중국, 러시아
특이사항	멸종위기 야생생물 II급
세부 특징	한국에 서식하는 가장 큰 뱀이다. 체색은 검은색, 암갈색, 황갈색 등 다양하지만, 수컷의 경우 나이가 들면 체이이 검게 변하는 흑화 현상을 겪는다. 과거 전국적으로 흔히 볼 수 있는 뱀이었으나 환경오염, 서식지 파괴, 주 먹이원인 쥐잡기 운동에 따른 간접적 영향 등으로 급격하게 감소하였다.

구렁이 ⓒ 이재원

남생이 ⓒ 구교성

남생이
Mauremys reevesii

분류체계	Reptiles 파충강 > Testudinata 거북목 > Geoemydidae 남생이과 > Mauremys 남생이속
크기	20~30cm
분포	한국, 중국
특이사항	멸종위기 야생생물 II급
세부특징	등면에 뚜렷한 3개의 융기선이 있다. 등껍질은 흑갈색, 배면은 흑색 혹은 흑갈색을 띤다. 수컷은 성숙하면 몸 전체가 검은색으로 변하는 흑화 현상을 겪으며, 우리나라 유일한 반수생 민물거북이다. 과거 전국적으로 분포했으나 환경오염과 서식지 파괴, 남획으로 급감하고 있다.

십장생 그리고 천연기념물 남생이

남생이는 장수를 상징하는 대표적인 십장생 동물로 임금의 국새나 비석, 장식물 등에 주요 모델로 쓰였다. 보통 남생이는 반수생 민물 거북으로 정수 혹은 느린 유속의 환경을 좋아해 저수지, 웅덩이, 농수로 등에서 주로 발견된다. 다양한 생물을 먹으며, 죽거나 썩은 생물도 마다하지 않는 자연계의 청소부이다. 하지만 서식지 파괴, 남획, 외래종의 유입으로 인해 개체수가 급격하게 감소하고 있으며, 현재 남한에서는 발견되는 지역이 거의 없다.

DMZ에서는 2021년 연천군 사미천, 2022년 연천군 고잔하리 지역에서 각각 발견되었다. 특히 2022년에 발견된 작은 하천은 훼손되지 않은 아름다운 자연이었지만, 그 속에 철조망과 탄흔 등 전쟁의 흔적들이 고스란히 남아있었다. 남생이는 낮이면 높은 곳으로 올라가 일광욕을 하며 주변을 살피는데, 이러한 행동이 어쩌면 전쟁의 아픔이 남은 DMZ를 지키는 남생이의 노력일지도 모르겠다.

모래 위를 질주하는 표범장지뱀

10cm도 안 되는 작은 몸집에 표범 무늬를 가진 이 도마뱀은 그 어떤 생물보다 빠르게 모래 위를 달려간다. 그래서 표범장지뱀의 얼굴을 한 번이라도 보기 위해서는 모래 위를 함께 달려야 하는 재미있는 상황이 펼쳐진다. 보통 표범장지뱀은 해안사구 혹은 하천변에 형성된 모래 환경에서 발견되지만, 흥미롭게도 DMZ 지역에서 표범장지뱀이 발견되었다. 게다가 토교저수지와 이길리는 기존과는 다른 산림 환경인데 왜 이곳에서 발견되었을까?

표범장지뱀은 모래 환경뿐 아니라 해가 잘 들고 은신이 쉬운 벼과(혹은 사초과) 식물들이 자라는 곳을 좋아하는데, 이 지점들은 인접한 군부대 장병들이 지속적으로 풀을 베고 관리하는 곳이다. 아이러니하게도 이러한 관리가 표범장지뱀들에게 최적의 모래 환경과 은신처를 만들어 준 셈이다. 표범장지뱀에게는 군인과의 동거가 불편할 수도 있지만, 한편으로는 든든한 보호자일 수도 있겠다.

표범장지뱀 ⓒ 구교성

표범장지뱀
Eremias argus

분류 체계 Reptiles 파충강 > Squamata 유린목 > Lacertidae 표범장지뱀과 > Eremias 표범장지뱀속
크기 6~10 cm
분포 한국, 중국, 러시아, 몽골
특이사항 멸종위기 야생생물 II급, 사구 생물
세부 특징 황갈색 피부에 암갈색 혹은 흑갈색 반점이 표범 무늬처럼 산재해 있다. 다른 도마뱀들과 달리 등면의 비늘이 작은 알갱이 같은 구조를 띤다. 주로 사초과 혹은 벼과 식물이 서식하는 사구, 하천변, 산림 등 모래 환경에서 서식한다. DMZ 지역에서는 토교저수지와 이길리 지역에서 개체군을 형성하고 있다.

멍텅구리? 아니 금개구리

쪽. 쪽. 쪽. 꾸우욱……. 다른 개구리들과 구별되는 독특한 울음소리를 만드는 금개구리는 좀처럼 움직이지 않고 느려서 '멍텅구리'라는 별명을 가지고 있다. 하지만 등면에 선명한 두 줄의 금빛 줄무늬를 보면 귀한 자식처럼 보이기도 한다. 한반도에서 매우 흔하게 발견되던 금개구리는 서식지 파괴와 개발 압력에 큰 영향을 받아 이제는 서해안 저지대와 습지(특히 논)에서만 매우 한정적으로 발견된다.

금개구리는 DMZ 서부 지역에 자주 출현하는 양서류 중 하나다. 이 작은 개구리는 항상 수초 사이에 몸을 숨기고 있으며, 작은 인기척에도 물속으로 들어가 버려서 발견이 쉽지 않다. 따라서 금개구리의 독특한 울음소리는 이들이 DMZ 지역에서도 잘 살아 있음을 확인하는 유일한 방법이기도 하다. 아직 얼마나 많은 금개구리가 DMZ에 서식하는지 정확히 알 수 없지만, 개발이 제한되는 DMZ 지역은 특히나 서식지 파괴에 취약한 금개구리들에게 최후의 안식처가 될 것이다.

금개구리 ⓒ 구교성

금개구리
Pelophylax chosenicus

분류 체계 Amphibians 양서강 > Salientia 무미목 > Ranidae 개구리과 > Pelophylax 연못개구리속
크기 3~6cm
분포 한국
특이사항 멸종위기 야생생물 II급, 한국 고유종
세부 특징 등면은 녹색 혹은 갈색이며, 등 위에 뚜렷한 두 줄의 금빛 융기선이 있다. 유생 시절에도 뚜렷한 금색 줄이 있어 종 동정이 쉽다. 활동성이 매우 낮아 먹이 활동 외에는 거의 움직이지 않는 특징을 지닌다. 우리나라 저지대 하천과 습지에 널리 분포했으나 농지와 습지 개발로 서식지가 빠르게 파괴되고 있다. 주로 서부 저지대지역 내 DMZ에서 빈번하게 발견된다.

이화여자대학교 에코과학연구소
구교성

대학에서 생물학을 전공하며 청개구리의 행동 및 생태 연구를 시작으로 양서파충류 연구자의 길에 들어섰다. 야생동물은 날씨의 영향을 많이 받음에도 불구하고 조사 일정을 조정할 수 없다는 게 어려웠지만, 그간 알려지지 않았던 DMZ 일원의 양서·파충류 현황을 파악한 것은 보람된 일이었다.
특히 멸종위기 야생생물 Ⅱ급 남생이가 잘 서식하고 있는 것을 확인했을 때는 관련 연구자로서 뿌듯한 마음이 들었다.

class ⑤

DMZ 일원의 육상곤충

DMZ 일원의 생태조사는 매우 제한된 경로와 반경으로 조사에 한계가 있는 곳이다. DMZ 일원의 환경과 생태계 유형, 접근 유무에 따라 출현하는 종 수에 차이가 날 수밖에 없다. 파주·연천의 서부평야와 임진강권역은 평야와 초지 형태로 비교적 접근 범위가 넓어 다른 산악지역보다 다양한 종이 확인된다.

특히 서부지역에는 초지와 둠벙 등이 잘 발달되어 멸종위기 야생생물 II급인 물장군, 물방개, 왕은점표범나비, 은줄팔랑나비 등이 대표적으로 확인된다. 철원, 화천, 양구, 인제, 고성의 강원 산악지역으로 갈수록 접근하기 힘든 경사와 접근이 불가능한 수계로 인해 서부 쪽보다는 다양한 종을 확인하기 어렵다. 그러나 우리나라에서 관찰하기 힘들고 산지성인 부엉이산누에나방, 유리산누에나방, 오얏나무나방, 참산뱀눈나비 등이 관찰되었다.

DMZ 일원은 외부 출입이 매우 제한되지만 군부대 차량 등이 출입하는 군 작전도로 등에서 갈색날개매미충, 미국선녀벌레, 돼지풀잎벌레, 미국흰불나방 등 생태계교란야생생물과 외래종도 빈번하게 관찰된다.

멸종위기 수서곤충과 나비들의 천국

DMZ 일원의 서부지역은 습지와 초지가, 동부지역은 산림 고지대 억새밭과 습지 등이 발달되어 있어 멸종위기 수서곤충과 나비류의 천국이라고 할 수 있다. 습지 주변에는 옛날 어른들이 가지고 게임하던 멸종위기 야생생물 Ⅱ급 물방개와 암컷이 알을 낳으면 부화할 때까지 수컷이 알을 지키는 부성애가 매우 강한 멸종위기 야생생물 Ⅱ급 물장군이 서식한다. 이들은 정수된 수역이나 저수지, 습지에 서식하고 농약 살포가 없는 곳에서 주로 관찰되는데, 현재 물장군은 국내 서식지가 급감하는 상황이다.

또한 자연 산불이나 군부대의 사계청소로 인해 형성된 서부의 초지 등에서 산발적으로 관찰되는 멸종위기 야생생물 Ⅱ급 왕은점표범나비, 산 정상의 초지나 숲과 맞닿은 풀밭에서 볼 수 있는 참산뱀눈나비, 동부지역의 산림 고지대 억새밭에서는 크기가 작은 멸종위기 야생생물 Ⅱ급 은줄팔랑나비가 억새와 같은 색깔을 띠며 관찰된다. 왕은점표범나비는 애벌레가 제비꽃류를 먹는데, 이 식물이 주로 묘지, 야산과 강변 초지대 같이 비교적 교란된 초지에서 잘 자라기 때문에 마을 주변 초지대나 강변 초지 같이 열린 공간에서 관찰된다. 은줄팔랑나비는 억새류, 갈대 등 수변식물이 풍부한 연못, 습지, 강가 등에서 서식하며 애벌레의 먹이도 억새류이다.

왕은점표범나비
Argynnis nerippe

분류 체계   Arthropoda 절지동물문 > Insecta 곤충강 > Lepidoptera 나비목 > Nymphalidae 네발나비과 > Argynnis 은점표범나비속
크기   53~68mm
분포   한국, 일본, 중국
출현 시기   5~10월
세부 특징   강원, 경기, 경북, 인천 등에 국지적으로 분포하며, 우리나라 표범나비 무리 중 가장 크다. DMZ 일원에서는 초지에서 국지적으로 관찰된다. 제비꽃류에 알을 낳으며, 개방된 초지와 기주식물 관리가 잘 된다면 우리 주변에서 자주 관찰할 수 있다.

왕은점표범나비 ⓒ 박진영

은줄팔랑나비
Leptalina unicolor

분류 체계	Arthropoda 절지동물문 > Insecta 곤충강 > Lepidoptera 나비목 > Hesperiidae 팔랑나비과 > Leptalina 은줄팔랑나비속
크기	31~35mm
분포	한국, 일본, 중국
출현 시기	5~8월
세부 특징	DMZ의 습지에서 관찰은 되지만 서식지 주변에는 미확인 지뢰지대가 많아 접근이 어렵다. 뒷날개 뒷면에 은백색 띠가 있어 날개를 접었을 때 잘 확인되며, 억새류의 잎에서 유충으로 월동한다. 서식지와 개체수가 급감하고 있으나, DMZ 일원의 서식지는 인위적 환경과 지뢰지대로 인해 대부분 보전되고 있다.

은줄팔랑나비 ⓒ 박진영

유리산누에나방
Rhodinia fugax

분류 체계	Arthropoda 절지동물문 > Insecta 곤충강 > Lepidoptera 나비목 > Saturniidae 산누에나방과 > Rhodinia속
크기	75~110mm
분포	한국, 일본
출현 시기	6~10월
세부 특징	6월 중·하순에 유충에서 번데기가 되고, 늦가을에 고치 형태의 번데기를 뚫고 성충이 된다. 암컷이 가을에 주변 나뭇가지 근처에 알을 낳아 알로 겨울을 난다. DMZ에서는 야간 조사가 불가능하기 때문에 타이머를 설치한 버킷트랩을 사용해 확인하였다.

유리산누에나방 ⓒ 박진영

하지만 이들 역시 하천변 개발과 정비 등에 의한 서식지 훼손으로 개체수가 감소하여 흔하게 볼 수 없다. 특히 DMZ 일원의 습지 안쪽은 미확인 지뢰지 대라 밖에서 날고 있는 모습을 바라보며 함성만 지를 뿐, 서식지의 환경을 살펴볼 수는 없다. DMZ 일원의 대부분 습지는 비나 산사태로 떠내려오는 목함지뢰 때문에 출입이 어려워 현장 조사에서는 자유롭게 날아다니는 나비들만 바라봐야 한다. 한편으로는 이러한 이유 때문에 인간에 의해 서식지가 훼손될 일은 없다는 것이 참 다행이다.

버킷트랩 설치

참산뱀눈나비
Oeneis mongolica

분류 체계	Arthropoda 절지동물문 > Insecta 곤충강 > Lepidoptera 나비목 > Nymphalidae 네발나비과 > Oeneis 산뱀눈나비속
크기	40~43mm
분포	한국, 중국
출현 시기	4~5월
세부 특징	산꼭대기 초지나 숲과 맞닿은 풀밭에서 볼 수 있으며, 국내 적색목록에 취약종으로 등록되어 있다. DMZ 일원에서는 화천군의 산악 능선을 따라 형성된 초지에서 관찰되며, 서식지 일대는 미확인 지뢰지대라 간접적으로 보호되고 있다.

참산뱀눈나비 ⓒ 박진영

멸종위기 곤충 중 자주 듣는 이름, 애기뿔소똥구리

애기뿔소똥구리는 주간 현장에서 쉽게 관찰되는 종이 아니다. 야간 등화 채집을 하거나 저녁 시간 불빛에 유인되어 경계초소(GP)와 막사 등에서 탈출하지 못한 개체가 주로 확인된다. 2018년 철원의 DMZ 화살머리 고지 GP에서도 분명 전날 조사 때는 없었던 애기뿔소똥구리가 다음날 부서진 콘크리트 틈에 죽어 있는 것을 확인했다. 애기뿔소똥구리는 똥을 굴리지 않고 땅속에 똥 경단을 넣어 암컷이 그 경단에 알을 낳는 습성을 가지고 있다. DMZ 일원의 서부와 중부지역에서 대부분 확인되는 애기뿔소똥구리 암컷과 수컷의 협동을 보고 있으면, 우리도 애기뿔소똥구리처럼 남북이 힘을 합쳐 DMZ 연구를 꾸준히 해 나갔으면 좋겠다는 생각이 든다.

(위) 애기뿔소똥구리 수컷 (아래) 애기뿔소똥구리 암컷 ⓒ 박진영

애기뿔소똥구리
Copris tripartitus

분류 체계	Arthropoda 절지동물문 > Insecta 곤충강 > Coleoptera 딱정벌레목 > Scarabaeidae 소똥구리과 > Copris 뿔소똥구리속
크기	13~19mm
분포	한국, 일본, 대만, 중국
출현 시기	4~10월
세부 특징	우리나라 전역에서 산발적으로 관찰되며, DMZ 일원에서는 서부쪽에서 대부분 관찰된다. 땅속에 똥 경단을 넣어두고 먹거나 경단에 알을 낳는 특성이 있다.

멸종위기로 가고 있는 부엉이산누에나방

강원도 인제군 동부산악권역의 DMZ 일원에서 매우 귀하디 귀한 부엉이산누에나방을 확인하였다. 최근 개체수가 현저하게 감소하고 있어 2022년 멸종위기로 가고 있다는 판단에 신규 관찰종으로 등재한 종이다. 이 나방은 현재까지 경기도 일부와 강원도에 분포한다고 알려진 우리나라 고유종인데, 아직 생태와 정확한 분포지 등 알려진 것이 거의 없다.

부엉이산누에나방 ⓒ 국립생물자원관

부엉이산누에나방
Eriogyna pyretorum

분류 체계	Arthropoda 절지동물문 > Insecta 곤충강 > Lepidoptera 나비목 > Saturniidae 산누에나방과 > Eriogyna 부엉이산누에나방속
크기	80mm 내외
분포	한국
출현 시기	10월
세부 특징	우리나라 고유종으로 경기와 강원 일대에 분포하며 외형은 작은산누에나방과 닮았으나 회갈색 바탕, 외연 내측 따라 흰색무늬가 있고 외횡선 물결무늬가 심하게 굴곡되어 있어 구분이 가능하다.

군부대 건물에서 집단 월동하는 곤충

DMZ 일원은 우리나라 북방에서만 관찰되는 종, 멸종위기종 등이 관찰되기도 하지만 우리가 흔히 볼 수 있는 무당벌레와 집게벌레류 등도 관찰된다. 특히 무당벌레류는 겨울이 되면 단체로 모여 낙엽 속이나 바위 밑, 고목의 껍질 속, 때로는 한 번씩 뉴스에 출현하는 집안, 창틀 속 등에서 집단 월동을 하는 특징이 있다. DMZ 일원의 막사나 경계초소 등의 건물을 살피다 보면 창틀 속, 건물 금이 간 콘트리트 틈새, 건물 안 천막 더미 등에서 무당벌레류나 노린재류 등이 집단 월동하는 경우가 관찰된다.

조사 중 화살머리 경계초소에서도 집단 월동을 준비하느라 여럿 모여 있던 남생이무당벌레와 무당벌레들이 후다닥 움직이는 모습을 목격하였다. 곤충은 인간보다 훨씬 먼저 지구에 나타났고 더 오래 살고 있으며, 생태적 습성대로 자신들이 월동했던 지역을 찾아간다. 두꺼비, 연어만 자신이 태어난 곳에 와서 알을 낳는 것이 아니라 곤충도 자신들이 월동했던 곳을 찾아간다. 방제약을 살포하지 않는 경계초소에서 발견된 무당벌레들은 운이 좋게도 장병들과 함께 겨울을 보내고 이듬해 다시 자연의 품으로 돌아갈 것이다. DMZ 일원의 곤충들은 자유롭지만, 지뢰 때문에 접근할 수 없는 번식지도 많다. 그러나 그 속에서 곤충은 생태계의 소비자이며 분해자로 생태계 균형을 맞춰 주는 매우 중요한 역할을 한다. 이들의 평형이 깨지지 않게 DMZ 일원의 자연환경이 잘 보존·보전되기를 간절히 바란다.

남생이무당벌레 월동지 이동 ⓒ 박진영

국립생태원 보호지역팀
박진영

주 연구 분야는 곤충 생태분류로, 현재 보호지역팀 팀장을 맡아 국가
보호지역 및 보호지역 발굴을 위한 조사, 연구, 정책 관련 업무를 수행하고 있다.
13년 만에 재개한 DMZ 조사에서 여러 가지 이유로 확인하고 싶은 종들을
조사하러 갈 수 없을 때가 가장 힘든 순간이었기에, 비록 희귀종은 아니지만
남방 끝에 서식하고 있는 딱정벌레와의 만남을 즐거운 기억으로 꼽는다.
앞으로 연구 결과들이 정책에 잘 활용되어 국가 보호지역이 확대되도록
노력할 계획이다.

여러가지 추억(?)을 남긴 DMZ 일원의 생태조사

멧돼지와의 조우(遭遇)

강원도 화천지역 현장답사 때다. 수해로 산사태가 나서 곳곳에 나무가 넘어지고 돌더미가 무너져 내려 있었다. 생각지 못한 장애물들을 헤치며 다니다 보니 예정된 시간보다 두 시간을 넘겨 통문으로 내려올 수 있었다. 그런데 통문 근처에서 갑자기 멧돼지가 나타난 게 아닌가! 순간 우리도 놀랐지만, 우리를 본 멧돼지도 놀라서 도망가려고 우왕좌왕... 함께 간 문화체육관광부 공무원, 한국관광공사 직원과 우리를 안내하는 전방지역 군인 모두 안절부절하는 모습이었다. 다행히 우리 일행 앞쪽에 큰 나무가 쓰러져 있어 멧돼지와 직접 눈이 마주치지는 않았기에, 최대한 소리를 내지 않고 조용히 발걸음을 옮겨 신속히 철제 울타리를 넘을 수 있었다. 아프리카돼지열병 확산 방지를 위해 멧돼지가 넘어오지 못하도록 설치해 둔 그 울타리를 우리가 넘은 것이다. 짧은 순간이지만 모두의 등줄기에 식은땀이 줄줄 흐르는 경험이었다.

예기치 못한 차량 구타 사고

2017년 민통선이북지역 생태조사를 하던 어느 가을. 갑자기 우두두~ 소리가 들려서 순간 인근 군부대에서 포격을 하나 싶었는데, 500원짜리 동전 크기의 우박이 쏟아지기 시작했다. 황급히 조사를 중단하고 안전한 지역으로 대피했기에 다행히 크게 다친 사람은 없었다. 그러나 미처 대피하지 못했던 차량들의 보닛과 지붕은 마치 와플처럼 울퉁불퉁해졌고, 자연재해로 인한 손상이라 보험 처리도 안 된다는 슬픈 소식을 접해야 했다.

간첩으로 오인(?)받을 뻔했던 야간 버킷트랩(Bucket trap)

곤충은 야간에도 활동하는 특성 때문에 밤에 수은등을 켜서 생태조사를 한다. 하지만 DMZ에서는 군인과 민간인 모두 오후 5시 이후 통문 밖으로 나가야 해서 타이머가 장착된 버킷트랩을 설치해 두고 철수했다. 그런데 새벽에 시끄럽게 울리는 휴대전화를 받으니 전방 사단의 관계자였다. "팀장님, 혹시 불빛이 나오는 장비가 DMZ 안에 설치되어 있습니까?" "아.. 조명이 달린 버킷트랩을 설치했는데, 그거 말씀하시는 건가요?" "네, 지금 사단에서 그 불빛의 정체가 문제되어 확인차 연락드렸습니다. 주무시는 시각에 죄송합니다~" "네... 고생이 많으십니다. ㅠㅠ" 사전에 협의되었던 트랩 설치가 근무자 인수인계에서 누락된 건지, 아니면 불빛이 나올 거라고는 생각을 못한 건지... 아무튼 깜깜한 DMZ 한 귀퉁이에서 무언가 계속 반짝이고 있어서 사단이 초비상사태였다는 후문을 들었다. 다음날 그렇게 간첩으로 오인(?)받을 뻔했던 버킷트랩 안에 그동안 자주 보지 못했던 오얏나무나방, 유리산누에나방이 발견되어 더욱 기억에 남는 조사가 되었다.

class ⑥

DMZ 일원의 어류

지금까지 DMZ 및 민통선이북지역에 출현한 어류 중 법정보호종은 천연기념물 2종(어름치, 황쏘가리)이었고, 멸종위기 야생생물은 I급 1종(흰수마자)과 II급 9종(다묵장어, 칠성장어, 묵납자루, 가는돌고기, 꾸구리, 돌상어, 버들가지, 열목어, 한둑중개)을 포함해 총 12종이었다.

DMZ 및 민통선이북지역은 크게 서부(파주시, 연천군), 중부(철원군, 화천군, 양구군), 동부(인제군, 고성군)로 나눌 수 있는데, 이곳에 천연기념물 어류(총4종) 중 절반이, 멸종위기 야생생물(총27종) 중 1/3 이상이 서식한다는 사실은 DMZ와 민통선이북지역이 멸종위기 어류에게 최후의 서식처가 되고 있다는 방증이다.

느린 여울에 산란탑을 만드는 천연기념물 어름치

어름치는 천연기념물 제259호로, 어름치가 서식하는 금강은 천연기념물 제238호로 지정되었다. 산란기인 4~5월이 되면 느린 여울부에 웅덩이를 파고 산란하며 이후 수정란을 보호하기 위해 잔자갈을 쌓아 산란탑을 만드는 독특한 습성을 가진다.

주로 하천 중·상류의 물이 맑고 자갈이 깔린 곳에 서식하고, 수서곤충과 갑각류, 다슬기류 등의 소형동물을 섭식하며, 4~5월경 수온이 17℃ 이상 올라가면 산란한다. 어름치는 꼭 산란탑을 만들기 때문에 하천에 있는 산란탑 수를 보면 어름치의 개체수를 짐작할 수 있다. 수정란은 수온 18℃에서 5일이면 부화되고, 자어 크기는 전장 8mm 내외이다.

우리나라 한강과 금강, 임진강에만 서식하는 한국 고유종이며, DMZ 및 민통선이북지역에서는 서부의 사미천과 임진강, 중부의 김화 남대천, 북한강, 동부의 인북천에서 발견된다. 금강에 서식하던 어름치는 1990년대 이후 더 이상 발견되지 않아 절멸되었으며, 2003년부터 어름치 복원연구가 진행되어 금강 상류(무주, 옥천)와 한강 상류(홍천)에 인공생산된 어름치 치어가 방류되었다.

어름치
Hemibarbus mylodon

분류 체계	Chordata 척삭동물문 > Actinopterygii 조기강 > Cypriniformes 잉어목 > Cyprinidae 잉어과 > Hemibarbus 누치속
크기	20~40cm
분포	한강, 금강
산란기	4~5월
세부 특징	몸은 뒤쪽으로 갈수록 가늘어져 옆으로 납작하다. 체고는 등지느러미 앞부분이 높고, 미병부는 가늘다. 주둥이는 길지만 뾰족하지 않고 입술은 얇으며, 입의 가장자리에는 눈의 직경보다 약간 긴 수염이 1쌍 있다. 몸의 등쪽은 암갈색이며, 배쪽은 은백색이다.

어름치 ⓒ 고명훈

인북천의 어름치 산란탑 ⓒ 고명훈

황쏘가리
Siniperca scherzeri

분류 체계	Chordata 척삭동물문 > Actinopterygii 조기강 > Perciformes 농어목 > Centropomidae 꺽지과 > Siniperca 쏘가리속
크기	50~60cm
분포	한국, 중국
산란기	5~7월
세부 특징	쏘가리는 대형 어류로, 체측에 황갈색 바탕에 둥근 갈색 반점(표범 무늬)가 있으며 등지느러미와 뒷지느러미, 꼬리지느러미에 흑갈색 반점이 있으나, 황쏘가리는 이러한 반점이 없이 체색이 노란색이다. 몸은 옆으로 납작하고 머리는 길며, 그 중앙의 약간 앞쪽에 눈이 있다.

황쏘가리 ⓒ 고명훈

쏘가리에서 백화현상으로 나타난 천연기념물 황쏘가리

한강수계에 서식하는 황쏘가리는 천연기념물 제190호로 지정되었다. 쏘가리에서 백화현상(albinism)이 나타나 흑갈색 무늬가 없이 노란색을 띠는 개체를 황쏘가리라고 부른다. 쏘가리는 맛이 좋아 식용어로 애용되어 왔으며 최근에는 루어 낚시 대상종으로 인기가 높다.

큰 강의 중·상류 지역에서도 물이 맑고 바위가 많아 물살이 빠른 곳에 주로 서식하며, 바위나 돌틈에 잘 숨는다. 주로 밤에 활동하며 물고기를 사냥하여 섭식한다. 산란기는 5월 하순부터 7월 상순이며 야간에 자갈이 깔린 바닥에 산란한다. 수정된 알은 수온 19~24℃에서 6~8일 후 부화하며, 자어 크기는 전장 5~6mm이다. 2개월이 지나면 전장 70mm까지 성장한다. 난황이 흡수되면 동물성 플랑크톤을 섭식하나 10일이 지나면 작은 어류만 섭식한다.

쏘가리는 우리나라 서해와 남해로 흐르는 큰 하천과 강에 서식하며 북한, 중국에도 서식하는데, 황쏘가리는 북한강 상류의 DMZ 및 민통선이북지역에 속하는 오작교부터 평화의댐 인근에 가장 많이 서식한다. 최근 중앙내수면연구소에서 인공생산된 황쏘가리 일부가 한강 상류의 대형댐에 방류되었다.

한강수계 유일의 흰수마자 서식지 사미천

흰수염을 가져 흰수마자로 이름 지어졌으며, 멸종위기 야생생물 I급 어류로 한강수계에서는 현재 임진강 지류 사미천이 유일한 서식지이다. 흰수마자는 독특하게 강이나 하천 하류의 모래여울이 형성된 곳에 서식한다. 주로 야간에 먹이를 섭식하는데 깔다구, 각다귀 등의 작은 수서곤충을 섭식한다. 암:수 성비는 1:0.57이며, 뚜렷한 성적이형은 없다. 6~7월경 만 1년생 이상의 연령이 산란에 참여하며, 장소는 아직 밝혀지지 않았으나 하천 하류나 강으로 이동하여 산란하는 것으로 추정된다.

흰수마자는 한강과 금강, 낙동강에만 서식하는 한국 고유종으로, 한강수계에서는 과거 한강의 청미천, 복하천, 한강하류, 임진강에서는 사미천에 서식하는 것으로 알려졌으나 2010년 이후 임진강 사미천에서만 서식이 확인되고 있다. 2010년 4대강 공사가 진행되면서 서식지가 크게 감소하였는데, 한강의 청미천과 복하천도 4대강 공사의 영향으로 소멸한 것으로 추정된다. 임진강 사미천에서도 매우 드물게 서식이 확인되며, 모래 지역의 소실 및 홍수 복구를 위한 하천 공사 등으로 서식에 큰 위협을 받고 있다.

흰수마자 ⓒ 고명훈

흰수마자
Gobiobotia naktongensis

분류 체계	Chordata 척삭동물문 > Actinopterygii 조기강 > Cypriniformes 잉어목 > Cyprinidae 잉어과 > Gobiobotia 꾸구리속
크기	6~10cm
분포	한강, 금강, 낙동강
산란기	6~7월
세부 특징	저서성 소형어류로 몸은 길고, 후반부로 갈수록 가늘어진다. 머리는 대체로 위아래로 납작하고 배쪽은 편평하다. 입은 주둥이 밑에 있고, 입수염은 4쌍이며 길고 희다. 양쪽 가슴지느러미 아래 복부에는 비늘이 없다. 눈은 비교적 크고 머리 옆면 중앙에 있으며 등쪽에 위치한다. 등쪽은 암갈색을 띠고 배쪽은 밝은색이다. 체측 중앙과 등쪽에 여러 개의 검은 점이 있다.

흰수마자가 서식하는 임진강 사미천 ⓒ 고명훈

턱이 없는 화석종 다묵장어

다묵장어는 멸종위기 야생생물 II급으로 지정된 어류이다. 턱이 없는 무악류에 속하며 칠성장어와 함께 화석종으로 불리고 있다. 물이 맑은 하천 중·상류에 서식하는데, 유생은 모래나 펄 속에서 3~4년 서식하고 이후 가을과 겨울에 성어로 변태하여 하천 여울부로 소상한 후 봄에 산란하고 죽는다. 낮에는 모래나 펄 속에 숨어 있다가 밤에 먹이활동을 하며, 유생은 눈과 지느러미가 없고, 유기물이나 부착조류를 섭식한다. 성어는 변태 후 눈과 지느러미, 흡반이 생성되며 먹이를 먹지 않는다. 산란기는 4~5월로 느린 여울부에 산란장을 만들고 수컷이 암컷의 몸을 감아 산란을 유도한 후 방정하여 수정한다. 다묵장어의 수정란은 전란으로 알 전체가 세포분열을 한다.

제주도를 제외한 우리나라 전역과 중국, 일본, 러시아에 서식한다. DMZ 및 민통선이북지역에서는 서부의 사미천, 중부의 김화 남대천, 동부의 인북천과 배봉천, 송현천에 서식한다.

다묵장어 © 고명훈

다묵장어
Lethenteron reissneri

분류 체계	Chordata 척삭동물문 > Petromyzontiformes (국명없음) > Petromyzontiformes 칠성장어목 > Petromyzontidae 칠성장어과 > Lethenteron 다묵장어속
크기	15~20cm
분포	한국, 중국, 일본, 러시아
산란기	4~5월
세부 특징	몸은 길고 7쌍의 새공이 있다. 입은 빨판을 이루어 둥글고 턱이 없으며, 구강과 입에는 각질치가 있다. 제1등지느러미와 제2등지느러미 및 꼬리지느러미는 연접되어 있으며, 짝지느러미는 없다. 몸의 등쪽은 진한 갈색 혹은 옅은 갈색이며 배쪽은 색이 없다.

다묵장어와 칠성장어가 서식하는 배봉천 © 고명훈

배봉천에 서식하는 칠성장어 © 고명훈

변태 직후의 칠성장어 © 고명훈

칠성장어
Lethenteron japonicus

분류 체계	Chordata 척삭동물문 > Petromyzontiformes (국명없음) > Petromyzontiformes 칠성장어목 > Petromyzontidae 칠성장어과 > Lethenteron 다묵장어속
크기	40~50cm
분포	한국, 일본, 러시아
산란기	5~6월
세부 특징	몸은 뱀장어 모양으로 짝지느러미가 없고 눈 뒤에는 7쌍의 새공이 있다. 비공은 머리 등쪽에 있고 구강과 연결되어 있지 않다. 턱은 없고 입은 흡반모양으로 입 주변에 돌기가 있다. 제1등지느러미와 제2등지느러미가 분리되거나 연접되어 있다. 대체로 구강에 이빨은 잘 발달되어 있으며, 상구치판은 2개의 첨두, 하구치판은 6~7개의 첨두를 가진다. 등쪽은 옅은 청색을 띤 진한 갈색이지만 배쪽은 색이 없다. 꼬리지느러미 가장자리는 갈색이나 검은색으로 색소가 심하게 침적된 반면, 제2등지느러미는 희미하다.

피를 빨아먹는 무악류 화석종 칠성장어

턱이 없는 무악류에 속하는 화석종으로 멸종위기 야생생물 II급으로 지정된 어류이다. 4년 유생기를 거쳐 전장 15~20cm로 성장하면 가을에서 겨울에 은백색의 성어로 변태 후 이듬해 5~6월 바다로 내려가 다른 어류의 피를 빨아먹고 40~50cm로 성장한다. 5~6월에 다시 강으로 올라와 여울부에 산란하고 죽는다. 유생은 눈과 지느러미가 없으며, 4년 정도 하천의 모래나 펄 속에서 서식하며 유기물이나 부착조류를 섭식하고, 성어로 변태하면 눈과 지느러미, 흡반이 생성된다. 산란은 느린 여울부에 산란장을 만들고, 수컷이 암컷의 몸을 감아 산란을 유도한 후 방정하여 수정한다.

우리나라의 동해안과 남해안의 하천 하류에 서식하는데, 최근 서식지가 급격히 감소하여 동해안 일부 하천에서만 발견되고 있다. DMZ 및 민통선이북 지역에서는 배봉천에서만 서식이 보고되었다.

조개에 산란하는 묵납자루

멸종위기 야생생물 Ⅱ급에 지정된 묵납자루는, 독특하게 담수이매패인 작은말조개와 곳체두드럭조개에 산란하는 한국 고유종이다. 유속이 완만하고 하상이 큰돌과 모래로 구성되며 수변식물이 무성한 하천 중상류에 많이 서식한다. 주로 식물성 플랑크톤인 부착조류를 섭식하지만, 일부 소형 수중동물도 섭식하여 초식성에 가까운 잡식성이다.

산란기인 5~6월이면, 묵납자루 수컷은 조개에 세력권을 형성하고 산란관이 신장된 암컷을 쫓아다니면서 복부를 주둥이로 자극하는 구애행동을 하여 조개에 유인한다. 유인된 암컷이 조개의 출수공에 순간적으로 스치듯 산란하면, 뒤이어 수컷이 방정하여 수정시킨다.

한강, 임진강, 대동강, 압록강 등에 서식하며, DMZ 및 민통선이북지역에서는 서부의 사미천과 임진강, 중부의 김화 남대천, 동부의 인북천에 서식한다. 최근 멸종위기종 복원사업을 통해 인공생산된 치어가 경기도 양평군 흑천에 방류되었고, 이후 안정적으로 서식하고 있다.

조개 속 묵납자루알 ⓒ 김형수

묵납자루 ⓒ 고명훈

묵납자루
Acheilognathus signifer

분류 체계	Chordata 척삭동물문 > Actinopterygii 조기강 > Cypriniformes 잉어목 > Cyprinidae 잉어과 > Acheilognathus 납자루속
크기	6~10cm
분포	한강, 임진강, 대동강, 압록강, 회양
산란기	5~6월
세부 특징	전장 6~8cm로 몸은 옆으로 납작하고 체고는 높다. 주둥이는 둥글고 등지느러미와 뒷지느러미의 가장자리는 다른 납자루류에 비하여 둥글다. 입의 가장자리에는 1쌍의 수염이 있으며, 입술은 얇고 각질화되어 있다. 측선은 완전하며 중앙은 아래로 약간 굽어지며, 암컷은 산란기에 항문돌기 부분에 회갈색의 산란관이 길어진다. 온몸은 검푸른 색을 띠는데, 등쪽은 더욱 짙고, 체측 아래쪽은 황색을 띠며, 배쪽의 가장자리는 검게 보인다. 등지느러미와 뒷지느러미의 기부는 회갈색이지만 중앙부는 노란색의 넓은 띠가 현저하고 가장자리는 흑갈색을 띤다. 수컷은 양쪽 가슴지느러미의 사이가 검게 보이고 산란기가 되면 수컷의 색깔이 더욱 뚜렷해진다.

독특한 산란전략을 가진 가는돌고기

이름처럼 가는 체형을 가진 가는돌고기는 멸종위기 야생생물 Ⅱ급에 지정된 종이다. 하천 상류의 맑은 물이 흐르고 큰돌과 돌이 많은 여울부의 바닥에 서식하는데, 낮에 먹이활동을 하며 돌표면이나 돌틈에 있는 파리목과 날도래목의 유충을 섭식한다. 산란기는 수온이 14℃ 이상 되는 5월부터 7월이며, 꺽지 산란장에 산란하는 탁란과 돌틈에 산란하는 틈새산란으로 번식한다. 탁란은 수정란의 생존률을 높이기 위한 전략이다. 우선 꺽지가 평평한 돌 아래에 알을 붙여 산란하고 수컷이 알을 지킨다. 이후 가는돌고기 5~10여 마리가 몰려와 꺽지 산란장 옆에 알을 붙이고 수컷이 방정하여 수정시킨다. 산란장은 부화 전까지 꺽지 수컷이 지키게 되며, 가는돌고기 수정란은 12일 후에 꺽지 수정란보다 앞서 부화하여 산란장을 떠난다. 틈새산란은 가는돌고기의 체형적 특징을 이용하여 좁은 돌틈에 부착하여 수정란을 보호하는 전략이다. 이러한 어류의 탁란과 틈새산란은 잉어과, 모래무지아과에 속하는 감돌고기, 돌고기, 가는돌고기에서 번식전략으로 사용되고 있다. 임진강과 한강에만 서식하는 한국 고유종이고, DMZ 및 민통선이북지역에서는 서부의 임진강, 중부의 김화 남대천과 수입천, 동부의 인북천에 서식한다.

가는돌고기 탁란
(흰색 알이 꺽지 수정란,
보라색이 가는돌고기 수정란)
ⓒ 이흥헌

가는돌고기 ⓒ 고명훈

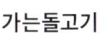

가는돌고기
Pseudopungtungia tenuicorpa

분류 체계	Chordata 척삭동물문 > Actinopterygii 조기강 > Cypriniformes 잉어목 > Cyprinidae 잉어과 > Pseudopungtungia 감돌고기속
크기	8~10cm
분포	한강, 임진강
산란기	5~7월
세부 특징	전장 8~10cm의 소형 어류로 몸은 아주 가늘고 길며, 주둥이는 뾰족하다. 입은 작고 아래에 있으며 입수염은 아주 짧다. 눈은 비교적 크며, 머리 옆면 중앙에 있다. 측선은 완전하고 직선으로 이어져 있다. 몸의 등쪽은 암갈색이고, 배쪽은 담갈색이다. 몸의 옆면 중앙에는 주둥이 끝에서부터 꼬리지느러미 기부까지 이어지는 흑갈색의 폭넓은 줄무늬가 있다. 등지느러미 기조의 상단 부근에는 흑갈색의 작은 줄무늬가 있다.

꾸구리가 서식하는 사미천 ⓒ 고명훈

꾸구리
Gobiobotia macrephala

꾸구리 ⓒ 고명훈

분류 체계 Chordata 척삭동물문 > Actinopterygii 조기강 > Cypriniformes 잉어목 > Cyprinidae 잉어과 > Gobiobotia 꾸구리속

크기 10~13cm

분포 한강, 임진강, 금강

산란기 4~6월

세부 특징 몸의 전반부는 굵으며 후반부는 가늘다. 머리는 약간 뾰족하고 납작하며 머리 아래쪽은 편평하다. 입은 주둥이 밑에 있으며, 입수염은 4쌍으로 그 가운데 1쌍은 입 가장자리에 있으며, 3쌍은 아래턱 밑에 있는데 그중 맨 뒤에 있는 수염은 가장 길어서 그 길이가 눈의 직경보다 길다. 눈은 머리 옆면 중앙에 있고 어류에서는 거의 없는 피막이 있어서 여닫이가 가능하며 고양이 눈과 비슷하다. 피막의 여닫이는 빛의 양을 조절할 수 있어 시야 확보에 중요한 역할을 할 것으로 추정된다. 산란기 암컷은 몸이 황색을 띠지만 수컷은 진한 밤색을 띤다.

고양이 눈을 가진 꾸구리

꾸구리는 멸종위기 야생생물 Ⅱ급에 지정된 종으로 독특하게 고양이와 비슷한 눈을 가지고 있어 '여울고양이'로도 불린다. 강의 중·하류 자갈로 이루어지고 유속이 빠른 여울부에 서식하며, 주로 밤에 활동하는 야행성 어류로 날도래목과 파리목, 하루살이목 유충을 섭식한다. 산란기는 수온이 15~25℃ 되는 4~6월경, 수심이 얕은 느린 여울부의 자갈과 돌바닥에 여러 번 산란한다. 한강과 임진강, 금강에만 서식하는 한국 고유종이며, DMZ 및 민통선이북지역에서는 서부의 사미천과 임진강에 서식한다.

상어의 체형을 가진 돌상어

멸종위기 야생생물 Ⅱ급인 돌상어는 상어의 체형을 가지고 있으며, 강 중·상류의 돌과 자갈로 이루어지고 유속이 빠른 여울부에 서식한다. 주로 밤에 활동하는 야행성 어류로 파리목과 날도래목, 하루살이목 유충을 섭식한다. 산란기는 수온이 15~25℃ 정도 되는 5~6월이고, 주로 돌과 자갈이 깔린 여울부의 중류부~중상류부에 산란한다. 한강과 임진강, 금강에만 서식하는 한국 고유종이고, DMZ 및 민통선이북지역에서는 서부의 사미천과 임진강, 중부의 김화 남대천과 수입천, 동부의 인북천에 서식한다.

돌상어 서식지인 임진강 ⓒ 고명훈

돌상어
Gobiobotia brevibarba

돌상어 ⓒ 고명훈

분류 체계	Chordata 척삭동물문 > Actinopterygii 조기강 > Cypriniformes 잉어목 > Cyprinidae 잉어과 > Gobiobotia 꾸구리속
크기	10~15cm
분포	한강, 임진강, 금강
산란기	4~6월
세부 특징	전장 10~15cm로 빠른 여울에 서식할 수 있는 체형을 가지고 있는데, 몸은 약간 길고, 배는 편평하며 등쪽은 둥글다. 머리는 위아래로 납작하고, 주둥이는 돌출되어 뾰족하다. 입은 주둥이의 밑에 있고, 입수염은 4쌍이나 꾸구리에 비하여 모두 짧다. 눈은 머리 옆면 중앙보다 약간 위에 있다. 살아 있을 때의 몸은 담황색으로, 등쪽에 폭이 넓은 암색의 반점이 불분명하게 나타난다. 가슴지느러미, 등지느러미 및 꼬리지느러미에 꾸구리에서 나타나는 반점은 없다.

DMZ 깃대종인 냉수성 어류 버들가지

버들가지는 멸종위기 야생생물 Ⅱ급에 지정된 종으로 우리나라 DMZ 및 민통선이북지역에서만 서식하는 DMZ 깃대종이다. 수온이 낮은 곳에 서식하는 기후변화민감종(냉수성 어류)이며, 현재 생태학적 연구가 진행되고 있다. 수온이 낮은 하천 최상류 또는 상류의 큰돌과 바위가 많은 곳에 서식한다. 산란기는 수온이 12~18℃인 5~6월이며, 이 시기에 수컷은 추성이 나타나고 생식공은 길어진다. 생식소는 만 2년생 이상부터 성숙되나 아직까지 산란 장소 및 산란 행동, 포란 수, 난경 등에 대해서는 연구되지 않았다. 섭식 생태 또한 연구되지 않았으나 수서곤충의 유충을 먹을 것으로 추정된다.

버들가지는 DMZ 및 민통선이북지역 동부에 속하는 송현천과 남강 지류인 고진동, 오소동에만 서식하는 한국 고유종이다. 그 외 북한의 남부 동해안인 함흥부터 고성군까지 서식하는 것으로 알려져 있다. DMZ 인근에 위치한 상원리는 고진동, 오소동과 같은 남강지류에 속하나 아직까지 버들가지의 서식이 확인되지 않았다. 이 지역은 지뢰 매설 지역으로 조사에 한계가 있기 때문에 추후 eDNA 분석을 통한 서식 여부 조사가 필요하다.

버들가지 ⓒ 고명훈

버들가지
Rhynchocypris semotilus

분류 체계	Chordata 척삭동물문 > Actinopterygii 조기강 > Cypriniformes 잉어목 > Cyprinidae 잉어과 > Rhynchocypris 버들치속
크기	10~12cm
분포	한국, 북한
산란기	5~6월
세부 특징	몸은 버들치나 버들개와 유사하지만 몸이 비교적 짧고 굵은 편이다. 머리는 약간 크고 주둥이는 둥글며 눈은 크다. 수컷에는 2차 성징으로 추성이 나타난다. 몸은 갈색 바탕에 등쪽은 진하고 배쪽은 옅다. 등지느러미 기부에 검은 반점이 있다.

버들가지 서식지인 고진동 계곡 ⓒ 고명훈

열목어 서식지인 두타연 ⓒ 고명훈

열목어 ⓒ 고명훈

열목어
Brachymystax lenok tsinlingensis

분류체계	Chordata 척삭동물문 > Actinopterygii 조기강 > Salmoniformes 연어목 > Salmonidae 연어과 > Brachymystax 열목어속
크기	50~70cm
분포	한국, 중국, 러시아
산란기	4~5월
세부특징	몸은 유선형이며 좌우로 측편되어 있다. 등지느러미는 몸의 중앙에 있으며, 기름지느러미는 뒷지느러미 후단부에 있으며 뒷지느러미의 1/3정도 크기이다. 체색은 황갈색 바탕에 등쪽은 암청색이며 배쪽은 흰색이다.

육봉화된 연어과 어류 열목어

눈에 열이 있다 하여 이름 지어진 열목어는 멸종위기 야생생물 II급으로 실제 눈에 열은 없다. 담수에 육봉*화된 연어과 어류이며 수온이 낮은 하천 상류에 서식하는 기후변화민감종(냉수성 어류)이다. 물이 맑으며 수온이 낮고 큰 계곡이 있는 하천 상류에 서식하고, 주로 물고기와 곤충 등을 섭식한다. 산란기는 수온이 7~10℃에 이르는 4월부터 5월초이며, 물이 흐르는 여울 가장자리의 모래와 자갈이 있는 바닥에 약 15cm의 바닥을 판 후 산란한다.

한강과 낙동강 상류(봉화군)에 서식하고, 그 외 북한 전역과 중국 만주, 러시아 연해주에 서식한다. 열목어 서식지인 강원도 정선군의 정암사와 경북 봉화군 석포면은 천연기념물로 지정되기도 했다. DMZ 및 민통선이북지역에서는 중부의 천미천과 수입천, 동부의 인북천에 서식하는데, 수입천의 두타연은 우리나라 최대 열목어 서식지 중 하나로 알려져 있다.

*
육봉(陸封) : 바다에 사는 동물이 바다와 분리되어 있는 호수나 늪 따위에서 세대를 되풀이하는 일

동해로 흐르는 하천 하류 여울부에 서식하는 한둑중개

한둑중개는 동해로 흐르는 하천 하류 여울부에 서식하는 어류로, 멸종위기 야생생물 Ⅱ급에 지정된 종이다. 산란기는 3~5월이며, 여울부의 큰 돌 아래에 알을 덩어리로 붙인다. 산란 수는 평균 756개, 난경은 1.86mm이며, 수정란은 침성점착란이다. 수정란은 수온 15~18℃에서 10~11일 후에 부화하며 크기는 9.34mm이다. 주로 수서곤충 유충을 섭식하는데, 봄과 여름에는 날도래목, 가을에는 파리목, 겨울에는 강도래목을 많이 섭식한다.

강원도와 경북 동해안으로 흐르는 하천에 서식하며, 그 외 북한과 러시아, 일본에 서식한다. DMZ 및 민통선이북지역에서는 동부의 송현천과 배봉천에 서식한다. 한편 배봉천 상류역에 서식하는 둑중개속 어류는 수정란이 대란형을 지니고 있어 둑중개의 특징을 나타내는 반면, 주요 외부 형태적 형질은 한둑중개와 일치하는 것으로 밝혀졌다. 따라서 배봉천 상류에서 채집된 둑중개속 어류는 대란형의 특징을 가진 한둑중개의 육봉형 집단으로 추정된 바 있다.

한둑중개
Cottus hangiongensis

한둑중개 ⓒ 고명훈

분류 체계	Chordata 척삭동물문 > Actinopterygii 조기강 > Scorpaeniformes 쏨뱅이목 > Cottidae 둑중개과 > Cottus 둑중개속
크기	12~15cm
분포	한국, 러시아, 일본
산란기	3~5월
세부 특징	몸은 약간 측편되어 있으나 유선형이다. 체색은 회갈색으로 머리는 아주 검으며, 복부는 연한 황록색을 띤다. 몸의 옆면에는 밝은 둥근 반점이 많아 갈색의 선이 엉긴 것처럼 보인다. 꼬리지느러미는 노란색을 띠며 약 4줄의 갈색 가로 무늬가 있고, 뒷지느러미는 흰색 바탕에 검은 점이 있다.

한둑중개가 서식하는 송현천 ⓒ 고명훈

고수생태계연구소
고명훈

국립수산과학원, 순천향대, 이화여대 연구원으로 근무하였으며, 2018년부터 고수생태연구소 소장으로 재직 중이다. 주로 어류의 생태와 분류, 발생, 수생태 건강성 등을 연구하는데, 이번 DMZ 생태조사를 통해 우리나라 DMZ 일대와 민통선이북지역에만 서식하는 멸종위기 야생생물 II급 버들가지 생태연구를 시작할 수 있었다. 한편 2018년 발생한 홍수 복구공사로 하천생태계가 교란된 사미천에서 어류의 종 수와 개체수가 급격히 감소한 점은 큰 우려로 남는다.

생명의 땅, DMZ   DMZ 일원의 저서성대형무척추동물

class ⑦

DMZ 일원의 저서성대형무척추동물

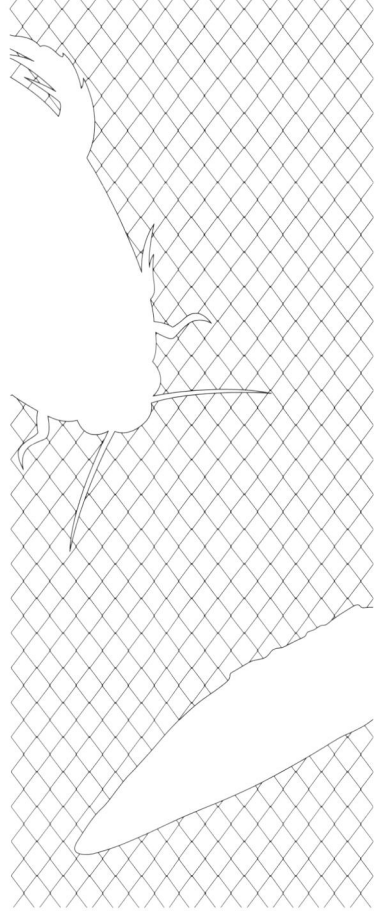

우리나라에서 지난 80년 동안
인간의 손길이 한 번도 닿지 않은 지역이
있을까? 또 급속히 진행된 산업화의
영향에서 완전히 벗어난 지역이 있을까?
이 질문의 답이 되는 유일한 지역
DMZ는 생태계의 보고이기에 생태계
연구자들에게 아주 매력적인 곳이다.

특히 수생태계를 연구하는 사람들에게
DMZ는 더더욱 그렇다.
수생태계는 육상생태계에 비해
단절의 영향을 많이 받고,
수계별 특성이 비교적 뚜렷하기
때문이다.

저서성대형무척추동물의 의미

수생태계를 이루는 구성 요소 중 물속에 서식하고(저서성), 육안으로 관찰 가능하며(대형), 척추가 없는 동물(무척추동물)을 통틀어 저서성대형무척추동물이라고 한다. 생물 분류체계가 아닌 생태적 특징을 고려하여 분류한 생물군인 것이다. 다슬기, 조개, 게, 가재, 새우 등의 연체동물류와 갑각류, 어린 시절에만 물속에서 생활하는 하루살이, 잠자리, 날도래 등을 비롯해 모든 생애주기를 물속에서 보내는 물자라, 물방개 등의 수서곤충에 이르기까지 다양한 생물이 저서성대형무척추동물에 속한다.

저서성대형무척추동물 생태 조사 작업

지형적 차이에 따른 저서성대형무척추동물의 분포

우리나라는 동고서저의 지형적 특징에 따라 높은 산이 있는 동·북쪽에서 높이가 낮은 서·남쪽으로 강이 흐른다. 이로 인해 강의 하류인 서·남쪽으로 갈수록 강의 폭이 넓어지고 유속이 느려져 넓은 평야가 형성된다. 인공구조물이 전혀 설치되지 않은 DMZ 내에는 이러한 지형적 특징에 따른 생태계 특성이 더욱 분명하게 나타난다.

2015~2019년까지 DMZ 전체 구간의 저서성대형무척추동물 분포조사 결과를 분석해보면 서부지역에서는 잠자리목과 딱정벌레목, 노린재목의 분포가 뚜렷하고, 중부와 동부지역에서는 하루살이목, 강도래목, 날도래목이 많이 서식하는 것으로 나타났다. 상대적으로 지대가 낮아 평야와 습지가 많은 서부지역에서는 정수성 분류군이, 지대가 높아 산악지역의 특성을 갖는 중·동부지역에서는 유수성 분류군이 많이 분포하는 것이다. 중부산악권역 조사에서 확인된 칼조개는 지뢰 유실 등의 이유로 유속이 빠른 하천 내 조사에 제약이 많은 DMZ 특성상 서식 확인에 어려움이 많았다.

칼조개
Lanceolaria grayana

분류 체계 Mollusca 연체동물문 > Bivalvia 이매패강 > Unionoida 석패목 > Unionidae 석패과 > Lanceolaria 칼조개속
크기 12~20cm
분포 한국, 일본, 중국 등
출현 시기 연중
세부 특징 각장이 20cm 이상으로 자라기도 하는 중대형 종이다. 각정을 기준으로 뒤쪽으로 갈수록 급격하게 좁아져서 뾰족하게 칼 모양을 이루어 '칼조개'라는 국명을 갖는다. 주로 강원, 경기 등 중북부 지역에 집중적으로 서식한다.

칼조개 ⓒ 권혁영

대모잠자리
Libellula angelina

분류 체계	Arthropoda 절지동물문 > Insecta 곤충강 > Odonata 잠자리목 > Libellulidae 잠자리과 > Libellula 대모잠자리속
크기	38~43cm
분포	한국, 일본, 중국 등
출현 시기	4~6월(성충)
세부 특징	날개의 흑갈색 반점이 바다거북(대모)의 등딱지 무늬와 닮아 '대모잠자리'라는 국명을 갖는다. 국내에는 퇴적물이 풍부한 연못 등 정수역에 제한적으로 분포하며, 일본과 중국 등에도 분포하나 개체수가 적어 IUCN 적색목록에 위급 등급으로 등재되었다.

대모잠자리 약충 ⓒ 권혁영

멸종위기에 처한 저서성대형무척추동물

저서성대형무척추동물 중 멸종위기에 처한 종들은 대부분 정수성 종으로, 중·동부 지역에 비해 서부지역에 더 많이 서식하고 있다. 초여름 연못 주변에서 배가 통통하고 날개에 검은 점무늬가 있는 잠자리가 빠르게 저공 비행하는 것을 목격했다면 '드디어 멸종위기종을 발견했다'고 생각하면 된다. 그 잠자리는 멸종위기 야생생물 Ⅱ급인 대모잠자리 성충일 확률이 높기 때문이다. 짝짓기를 마친 대모잠자리 암컷은 수면을 탕탕 치며 타수산란을 하고, 수컷은 그 주변에서 빠르게 비행하며 산란경호를 한다. 알들은 겨울이 될 때까지 열심히 먹이활동을 하며 성충이 되기 직전 상태로 몸집을 키우고 월동에 들어간다. 그리고 이듬해 초여름, 다시 성충이 되어 날아오른다. 즉, 물속에 있는 대모잠자리는 봄철에 가장 뚜렷하게 관찰할 수 있는 것이다.

대부분의 잠자리는 정수역을 선호하지만 노란잔산잠자리는 예외적으로 유속이 느린 모래 하천에 알을 낳고 어린 시절을 보낸다. 납작한 몸을 이리저리 흔들며 모래 속으로 숨어 들어가는 노란잔산잠자리 약충은 노란색 바탕에 검은 얼룩 무늬가 있다. 그 덕에 모래 속에 숨어있는 동안 몸을 완전히 은폐할 수 있다. 잔산잠자리류의 약충은 다른 잠자리에 비해 몸이 납작하고 다리가 긴 특징이 있는데, 노란잔산잠자리는 특히 다리가 가늘고 길며 발톱도 길다. 이렇게 기다란 다리를 이용해 몸 위쪽으로 모래를 뿌리며 완전한 은폐를 위해 노력하기도 한다. DMZ 일원에서는 모래 하천이 발달한 사미천과 임진강 유역에 서식하고 있다. 최근 골재 채취와 하천 정비 등으로 모래 하천이 많이 사라지고 있는데, 이로 인해 노란잔산잠자리도 함께 사라져가는 추세다. 중부산악권역의 철원과 양구 지역에서는 측범잠자리의 서식도 확인되었는데, 과거에는 연천과 양구 두타연에서의 채집 기록이 있다.

노란잔산잠자리 약충 ⓒ 권혁영

노란잔산잠자리
Macromia daimoji

분류 체계	Arthropoda 절지동물문 > Insecta 곤충강 > Odonata 잠자리목 > Macromiidae 잔산잠자리과 > Macromia 잔산잠자리속
크기	68~72cm
분포	한국, 일본, 러시아 등
출현 시기	6~8월(성충)
세부 특징	수채는 평지와 구릉지 하천의 흐름이 매우 느린 모래 퇴적층에 서식하며, 모래 하천의 감소에 따라 개체수가 감소하는 종이다. 약충은 날개주머니 상단 부분에 태극 무늬가 있으며, 면밀히 관찰하지 않으면 육안으로 확인하기 어렵다. IUCN 적색목록에 관심대상 등급으로 등재된 종이다.

측범잠자리
Ophiogomphus obscurus

분류 체계	Arthropoda 절지동물문 > Insecta 곤충강 > Odonata 잠자리목 > Gomphidae 측범잠자리과 > Ophiogomphus 측범잠자리속
크기	55~58cm
분포	한국, 유럽 등
출현 시기	6~9월(성충)
세부 특징	경기 북부와 강원 북부의 고도가 높은 계류에만 국지적으로 분포하며, 북한의 함경도 및 평안도에서의 출현 기록이 있다. IUCN 적색목록에 관심대상 등급으로, DMZ 구간 중 중부산악권역의 철원과 양구에서 확인되었다.

측범잠자리 약충 ⓒ 권혁영

어릴 적 추억이 담긴 물장군과 물방개

국내에 서식하는 노린재목 중 크기가 가장 큰 물장군은 알부터 성충까지 모든 시기를 물속에서 보낸다. 물론 성충이 되어 날개가 완전히 발달하면 야간에 비행활동도 하며, 양성주광성이 있어 야간 등화채집을 하면 빛을 향해 날아와 연구자들을 반갑게 맞이하기도 한다. DMZ 일원에서는 동부, 중부, 서부지역 전 구간에 걸쳐 넓게 서식하는 것으로 알려져 있지만, 조사 기간 중에는 동부 해안과 서부 평야, 서부임진강하구권역에서만 서식을 직접 확인할 수 있었다. 물장군은 물자라와 같이 부성애를 갖는 노린재로 알려져 있으며, 암컷이 물 밖에 산란을 하면 수컷은 알이 마르지 않도록 지속적으로 물을 적셔주며 돌본다.

물장군
Lethocerus deyrollei

분류 체계	Arthropoda 절지동물문 > Insecta 곤충강 > Hemiptera 노린재목 > Belostomatidae 물장군과 > Lethocerus 물장군속
크기	5~7cm
분포	한국, 일본, 중국, 타이완 등
출현 시기	6~10월(성충)
세부 특징	국내 노린재목 중 가장 큰 종으로 정수역에 주로 서식하며, 개구리 및 덩치가 큰 물고기까지 잡아먹는 엄청난 포식력을 자랑한다. 국내에서는 서식지 감소에 따라 개체수가 급격하게 감소해 멸종위기 야생생물 Ⅱ급으로 지정하여 관리하고 있으나, 세계적으로는 개체수가 유지되고 있어 IUCN 적색목록에는 포함되지 않는다.

물장군 ⓒ 권혁영

물장군의 멸종위기 원인은 도시화에 의한 서식지 파괴와 농약 과다 사용에 따른 수계 오염 등으로 추정되지만, 물장군의 강력한 '양성주광성'도 주요 원인으로 꼽는다. 우리나라는 치안 등의 이유로 도시뿐 아니라 외곽지역까지 가로등이 밤길을 밝히는데, 이 빛을 보고 달려든 물장군이 바닥에 떨어져 차에 밟혀 죽는 일이 빈번해지면서 개체수가 크게 감소했을 가능성이 있는 것이다. 실제로 농약은 많이 쓰지만 가로등이 많지 않은 개발도상국에서는 물장군을 길거리 음식으로 만날 수 있을 만큼 개체수가 보전되고 있다. 그러니 가로등에 의한 빛공해가 물장군 감소의 매우 유력한 원인이 아닐까, 조심스레 추측해 본다.

두현리 사미천에서의 생태조사

물방개라고 하면 50대 이상 성인 중 많은 분들은 어린 시절 즐겨 했던 '물방개 경주 놀이'를 떠올린다. 그런데 물방개가 멸종위기에 처해 있다는 소식을 들으면 이내 "그 많던 물방개가 멸종위기라고?"하며 놀란다. 불과 20년 전까지만 해도 물방개 서식지를 심심찮게 발견할 수 있었지만, 언제부턴가 야생에서 물방개를 찾아보기가 힘들어졌다. DMZ 일원에서도 조사 기간 중에는 서부 평야와 서부임진강하구권역에서만 서식이 확인되었다. 연못이나 습지 등 물방개의 주요 서식지 감소와 더불어 무분별한 남획으로 물방개의 개체수가 줄어드는 것으로 추정된다.

기후 변화, 산업화, 도시화, 남획 등 다양한 이유로 많은 생물들이 멸종위기에 처해 있다. 이런 상황에서 오랜 세월 인간의 손길이 거의 닿지 않은 DMZ 일원은 많은 멸종위기종이 서식하고 있다는 사실만으로도 보존해야 할 가치가 충분하지 않을까.

물방개 © 권혁영

물방개
Cybister (Cybister) chinensi

분류 체계 Arthropoda 절지동물문 > Insecta 곤충강 > Coleoptera 딱정벌레목 > Dytiscidae 물방개과 > Cybister 물방개속
크기 35~40cm
분포 한국, 일본, 유럽 등
출현 시기 연중
세부 특징 국내에서만 서식지 감소와 포획에 의한 개체수 급감으로 멸종위기 야생생물 II급, 국가적색목록 준위협(NT, Near Threatened) 종으로 지정하여 관리하고 있으나, 세계적으로는 개체수가 유지되고 있어 IUCN 적색목록에는 포함되지 않는다.

에코벅스
권혁영

급격하게 사라져가는 반딧불이 복원에 일조하고자 현재 에코벅스
(경북 안동)를 운영하고 있으며, DMZ 생태조사를 비롯하여, 전국자연환경조사,
국립공원 자연자원조사 등 다양한 조사·연구사업에서 저서성대형무척추동물
연구를 진행하고 있다. DMZ 조사는 물속에서 조사해야 하는 분류군이다보니
지뢰 위험성이 더 높아 전체 구간을 조사하지 못한 아쉬움이 남지만,
전국을 돌아다녀도 보지 못했던 측범잠자리처럼 귀한 종들을 확인할 수
있었기에 보람된 시간으로 기억된다.

class ⑧

DMZ 일원의 거미

DMZ는 세계 어느 나라에서도 유례를 찾아볼 수 없는 근본적 태생의 차이를 가진다. 태고부터 전해오는 원시 자연도 아니고, 황무지를 가꿔 아름답게 변모시킨 곳도 아니다.

불과 70여 년 전 산과 강과 들에 거주민들이 있었지만, 3년이라는 긴 전쟁의 터널을 통과하는 동안 수많은 포탄과 화염을 뒤집어쓰고 처참한 폐허가 되었다.

이후 군사적 합의로 DMZ가 정해진 뒤 군사적 목적의 특정 구조물과 도로 외에는 완전히 방치된 상태에서 과거에는 간혹 군사적 목적에 의한 산불 발생도 있었지만 그렇더라도 꾸준히 스스로 옛 모습을 복원하고 있다. 망가질 대로 망가졌던 자연이 스스로 얼마나 훌륭하게 회복·성장할 수 있는가를 보여줌으로써, 매우 소중한 교훈을 주는 것이다.

거미는 전쟁을 모른다

DMZ에는 수많은 생명체들이 어우러져 안정적인 생태계를 구축해 왔지만, 거미류는 다른 생물들과 달리 DMZ만의 특징적인 종 구성이 나타나지 않는다. 이는 특정 환경이나 먹이 자원을 따라 정착하지 않고 '유사비행'이라는 독특한 방법으로 이동하며, 살아갈 곳이 무작위로 선택되는 거미류의 특성 때문이다. 즉, 거미들은 전쟁 기간에도 때가 되면 유사비행으로 DMZ에 날아왔고, 어떻게든 살아남아 생활하다가 또 바람을 타고 DMZ 밖으로 날아갔을 것이다. 따라서 현재 살아가는 곳 못지않게 멀리 떨어진 환경도 DMZ에서 발견되는 거미류의 서식 분포에 영향을 줄 수 있다. 당연히 이들 지역에서는 한국 고유종으로 기록되거나 특이한 생태를 가져 희소성과 상징성이 있는 거미들도 발견된다.

물속에서 살아가는 물거미

경기도 연천군 전곡읍 은대리는 DMZ와 민간인통제선으로부터 멀리 떨어져 인간들의 자유로운 생활이 가능한 곳이다. 이곳에는 과거 오랫동안 포병 훈련장으로 쓰인 벌판과 습지가 있는데, 이 습지에 물거미들의 집단 서식지가 있다.

물거미가 집단 서식하는 경기 연천군 전곡읍 은대리 ⓒ최용근

물거미는 거미줄을 치는 조망성 거미인 동시에 물속에서만 살아가는 유일한 거미로, 잎거미과 물거미속 1종이 기록되어 있다. 일본, 중국, 몽골, 러시아, 유럽 등지에 분포하며 유럽에서는 형태적 변이도 보고되고 있다. 가까운 일본도 큐슈부터 홋카이도까지 넓게 분포하는데 우리나라에서는 경기도 연천군 전곡읍 은대리에서만 발견되어 은대리 693-18번지 일대가 천연기념물 제412호로 지정 관리되고 있다. 환경부 〈한국 멸종위기 야생동물 적색목록집〉에 위급(CR) 종으로 평가되고 있다.

물거미는 과거 물속에서 생활하다 지상으로 진출하였으나 다시 물속으로 돌아간 역진화 동물로 학술적 가치를 지닌다. 지상 서식종인 갈거미류, 늑대거미류, 닷거미류는 다리에 발달한 털다발을 이용해 소금쟁이처럼 물 위를 걷고, 어리별늑대거미나 먹닷거미 같은 종은 위험을 느끼면 일시적으로 물속에 들어가 돌 밑이나 수초 밑에 붙어 안전해지길 기다리기 때문에 종종 물거미로 오인된다. 그러나 물거미는 이들과 달리 물속에서 공기 방울로 종 모양의 집을 짓고 그 안에서 교미, 산란, 육아, 탈피 등 모든 활동을 영위하며 일생을 보낸다. 공기가 필요하면 수면으로 올라와 배 부위를 내밀어 배와 다리 사이에 공기 방울을 만든 뒤 다시 물속으로 이동해 공기를 보강하거나 새로운 집을 짓는다. 사람으로 치면 허리에 농구공을 달고 물속으로 들어가는 엄청난 내공을 가진 것이다.

물거미
Argyroneta aquatica

분류 체계 Arthropoda 절지동물문 > Arachnida 거미강 > Araneae 거미목 > Dictynidae 잎거미과 > Argyroneta 물거미속
크기 ♀ 8~15mm, ♂ 9~12mm
분포 한국, 중국, 일본, 몽골, 러시아
출현 시기 연중
세부 특징 두흉부는 황갈색~적갈색으로 머리 부분이 약간 올라와 있고 가운데 선과 양 옆으로 검은색의 센털이 줄지어 나 있다. 가슴판은 갈색의 염통형으로 검고 긴 털이 나 있다. 다리는 황갈색으로 털들이 빽빽하게 나 있고 뒷다리의 종아리마디와 발바닥마디에는 가시털이 많다. 배는 황갈색으로 길이가 긴 계란형이며 전면에 검은털이 덮여 있다.

물거미 ⓒ 최용근

쉽게 보기 어려운 갯가게거미

갯가게거미는 조망성 거미로 발생 밀도가 극히 낮은 희귀종이며, 분포가 제한적이고 발견도 어려워 〈한국 멸종위기 야생동물 적색목록집〉에 위급(CR)종으로 평가되고 있다. 1960년 일본 와카야마현의 시라하마에서 처음 발견, 기록되었고 시라하마(shirahamaensis)현의 지명으로 명명되었다. 우리나라에서는 해안가 바위틈에서 발견된다 하여 '갯가게거미'로 이름지었는데, 1985~1987년 울릉도에서 처음 발견되었다. 보통 해안가 바위틈이나 자갈 사이에 관 모양의 집을 만드는데, 밀물 때면 집안에 저장된 공기로 숨을 쉬면서 썰물이 올 때까지 버티기도 한다. 울릉도 통구미에서는 해안으로 향하는 하수로 천장의 각진 부분에서도 확인된 바 있고, 1997년 거제도에서도 발견 기록이 있다. 최근에는 2019년 국립생태원의 DMZ 일원 생태계 조사(민통선 이북지역 서부임진강하구권역)를 통해 임진강 하구 용산리 코스의 강변 구조물 틈에서 두 개체가 발견되었다.

갯가게거미
Paratheuma shirahamaensis

분류 체계	Arthropoda 절지동물문 > Arachnida 거미강 > Araneae 거미목 > Dictynidae 잎거미과 > Paratheuma 갯가게거미속
크기	♀ 6~8mm, ♂ 6~8mm
분포	한국, 일본
출현 시기	2~4월, 7~8월
세부 특징	두흉부는 밝은 황갈색으로 폭보다 길이가 길고, 머리 부분은 적갈색인데 가슴과의 경계가 불확실하다. 8개의 눈은 크기가 비슷한데, 앞가운데눈만 검고 나머지는 흰색이다.

갯가게거미 ⓒ 최용근

솔잎혹파리의 천적인 솔개빛염낭거미

체색이 연한 적갈색을 의미하는 '솔개빛'인데서 이름 붙여진 솔개빛염낭거미는, 발생 밀도가 낮고 분포도 제한적인 희귀종이다. 거미줄을 치지 않고 돌아다니는 배회성 거미로 산이나 야산의 초원, 관목 숲, 풀숲 등에서 볼 수 있는데, 활엽수의 잎을 접어 산실을 만든다.

한국, 중국, 일본 등에 분포하는데 우리나라에서는 강원 인제의 방태산, 경북 김천의 황악산, 경기 남양주에서 발견된 기록이 있다. 〈한국 멸종위기 야생동물 적색목록집〉에 준위협(NT) 종으로 평가되고 있다. 최근에는 2019년 국립생태원의 DMZ 일원 생태조사(민통선이북지역 서부임진강하구권역)를 통해 임진강 하구 용산리 코스의 낮은 둔덕 풀숲에서 발견되었다. 솔잎혹파리의 천적으로 연구된 바 있다.

솔개빛염낭거미
Clubiona lena

분류 체계	Arthropoda 절지동물문 > Arachnida 거미강 > Araneae 거미목 > Clubionidae 염낭거미과 > Clubiona 염낭거미속
크기	♀ 7~8.5mm, ♂ 6~7mm
분포	한국, 중국, 일본
출현 시기	4~9월
세부 특징	두흉부는 연한 적갈색이나 머리 쪽이 더 진하다. 가슴판은 황갈색으로 가장자리는 갈색이다. 다리는 황갈색으로 끝으로 갈수록 거무스름해진다. 배는 계란형으로 갈색 혹은 자갈색 바탕에 회백색 털이 듬성듬성 나 있으며 색체 변이가 많다. 배 밑면은 색이 약간 연하다.

솔개빛염낭거미 ⓒ 최용근

거미줄을 치지 않는 배띠깡충거미

배 가운데와 양 가장자리에 띠무늬가 있어서 '배띠깡충거미'라는 이름이 붙여졌다. 발생 밀도도 낮고 분포도 제한적인 희귀종이다. 거미줄을 치지 않고 돌아다니는 배회성 거미로 〈한국 멸종위기 야생동물 적색목록집〉에 준위협(NT) 종으로 평가되고 있다. 한국, 일본, 중국, 러시아, 유럽 등에 분포하며 우리나라에서는 전남 화순과 대구에서 기록되었다. 2019년 국립생태원의 DMZ 일원 생태조사(민통선이북지역 서부임진강하구권역)를 통해 임진강 하구 도라산 코스의 낮은 둔덕에서 발견되었다. 주로 냇가, 모래사장, 자갈밭과 같이 햇빛이 잘 드는 곳을 돌아다니는데 과수원 바닥이나 야산에서도 발견된다.

배띠깡충거미 ⓒ 최용근

배띠깡충거미
Phlegra fasciata

분류 체계	Arthropoda 절지동물문 > Arachnida 거미강 > Araneae 거미목 > Salticidae 깡충거미과 > Phlegra 배띠깡충거미속
크기	♀ 6~7mm, ♂ 5~6mm
분포	한국, 일본, 중국, 러시아, 유럽
출현 시기	5~8월
세부 특징	두흉부는 흑갈색 바탕에 양옆으로 회백색 줄무늬가 뻗어 있다. 눈의 네모꼴은 앞변이 뒷변보다 작고 길이가 너비보다 짧다. 가슴판은 갈색으로 가장자리가 검고 흰색과 갈색의 털들이 나 있다. 다리는 갈색으로 암갈색 고리 무늬가 있고 검은색의 긴 털과 가시털이 나 있다. 배는 계란형으로 암갈색 바탕에 가운데와 양옆으로 회백색의 세로 줄무늬가 나 있다.

한반도에서만 볼 수 있는 고려꽃왕거미

경기도 남양주시 광릉 소리봉에서 1986년 처음 발견된 한국 고유종 조망성 거미로, 2000년에 재발견되었다. 발생 밀도가 매우 낮고 분포도 제한적인 희귀종으로 2015년 국립공원 자연자원조사를 통해 월악산에서 한 개체가, 2018년에는 국립생태원의 DMZ 일원 생태조사(민통선이북지역 중부산악권역)를 통해 대성산 코스의 도로변 풀숲에서 한 개체가 발견되었다. 이처럼 발견 자체가 어렵고 개체수도 극히 제한적이라 〈한국 멸종위기 야생동물 적색목록집〉에 정보부족(DD) 종으로 평가되고 있다. 산이나 들의 관목이나 풀숲에 작고 둥근 그물을 치며, 낮에는 잎사귀 뒷면에 숨어 있다가 주로 밤에 먹이를 잡는다.

고려꽃왕거미 ⓒ 최용근

고려꽃왕거미
Araniella coreana

분류 체계	Arthropoda 절지동물문 > Arachnida 거미강 > Araneae 거미목 > Araneidae 왕거미과 > Araniella 꽃왕거미속
크기	♀ 6~8mm, ♂ 4~4.5mm
분포	한국
출현 시기	5~8월
세부 특징	두흉부는 황백색 바탕에 머리 쪽이 약간 솟아있다. 가슴판은 황갈색의 볼록한 방패 모양으로 가장자리는 암갈색이고, 갈색 털이 성기게 나 있다. 다리는 적갈색이고 각 마디의 끝은 암갈색이며 긴 가시털이 나 있다. 배는 계란형으로 등면에 황백색 바탕에 3쌍의 근점과 뒤쪽 양 옆면에 3쌍의 검은 점무늬가 있다.

자주 볼 수 있지만 생태는 알려지지 않은 금오개미시늉거미

한국 고유종인 조망성 거미로 경북 구미의 금오산에서 처음 발견되어 이름 붙여졌다. 토양성 거미로 우리나라 전 지역에 넓게 분포하며 발생 밀도도 높은 편이다. 〈한국 멸종위기 야생동물 적색목록집〉에는 관심대상(LC) 종으로 평가되고 있다. 국립생태원의 DMZ 일원 생태계 조사(민통선이북지역 중부산악권역)에서는 대성산과 산양리 코스의 도로변 낙엽층에서 확인되었다. 나무가 많은 산, 야산, 계곡, 숲, 호수변 등의 낙엽퇴적층이나 토양층에서 볼 수 있는데, 생태에 대해서는 알려진 것이 없다.

금오개미시늉거미
Solenysa geumoensis

분류 체계	Arthropoda 절지동물문 > Arachnida 거미강 > Araneae 거미목 > Linyphiidae 접시거미과 > Solenysa 개미시늉거미속
크기	♀ 1.3~1.5mm, ♂ 1.2~1.4mm
분포	한국
출현 시기	4~11월
세부 특징	두흉부는 어두운 적갈색 바탕에 다수의 과립 반점이 산재하는데 머리 쪽이 솟아있고 가슴둘레는 4개의 혹과 같은 굽은 돌기로 이어지며 뒤끝이 자루 모양으로 뻗어 배와 연결된다. 가슴판은 적갈색 바탕에 검은 과립 돌기가 나있다. 배는 계란형으로 뒤끝이 뾰족하다.

금오개미시늉거미 ⓒ 최용근

한국동굴생물연구소
최용근

1974년부터 국내외 1,400여 개의 동굴과 폐광을 탐사하였다. 1997년 한국동굴생물연구소를 설립하여 동굴생물 연구에 매진하고 있으며, 동굴과 연계하여 지상에서는 거미를 연구하고 있다. DMZ 생태조사는 조사 일정, 지역, 날씨 등 여러 제약이 많지만, 그렇기 때문에 수집된 모든 것이 중요한 자료이자 성과라고 생각한다. 특별히 일본과 한국의 해안가 바위틈에서 드물게 발견되던 갯가게거미를, 서부임진강하구권역의 강 하구 구조물에서 발견할 수 있었던 게 가장 기억에 남는다.

class ⑨

# 환경유전자
eDNA(environmental DNA)

지구상에 존재하는
모든 생물체에는 자신을 구성하는
고유의 유전자가 존재하며,
자손에게 그 유전자를 물려주며 살아간다.
분자유전학은 이러한 유전자들을
연구하는 대표적인 학문으로,
생태조사와 전혀 연관없을 듯
보이지만 생태조사에 매우
유용하게 활용된다.

익숙하지 않은 환경유전자

'환경유전자' 혹은 'eDNA(environmental DNA)'는 우리에게 익숙한 단어는 아니다. 환경유전자(eDNA)는 1980년대 토양에서 서식하고 있는 미생물 군집을 분석하는 과정에서 확립된 실험법으로, 최근 환경유전자라는 개념이 정립되면서 최신 기술인 'NGS*'의 발전과 함께 우리나라에서는 2010년대에 들어 본격적으로 활용되었기 때문이다.

*
Next Generation Sequencing
(차세대 염기서열 분석) :
인간 유전자 정보 전체를
빠르게 읽어낼 수 있는 기술

대부분의 생물들은 취식, 털갈이, 배설 등의 활동을 통해 주변에 흔적을 남기며 살아가는데, 이것이 바로 환경유전자다. 법의학 관련 미국드라마 'CSI'를 보면, 유리창에 있는 지문이나 바닥에 있는 머리카락 등에서 유전자를 채취해 범인을 잡아내는데, 이것은 환경유전자를 채집·분석하여 결과를 밝혀내는 과정을 보여주는 것이다. 기존에는 채집한 생물의 구강세포, 털, 혈액 등을 통해 어떤 종인지 분자적으로 밝히는 방법들이 있었지만 환경유전자는 생물 종의 유전물질을 생물에게서 직접 채취하는 것이 아니라, 주변에 흘린 세포나 유전물질을 환경으로부터 간접 채취하여 그 생물 종을 밝혀낼 수 있다.

환경유전자 채수
다리 위에서 위험하게 물을 뜨고 있는 것으로 보이지만, 다리 아래에는 지뢰 등이 있을 수 있어 의외로 안전하게 샘플링을 하는 모습이다.

환경유전자 포집 과정 (필터링)
하천에 직접 들어가 그물로 조사했던 전통적인 방법에 비해 간편하다.

여기서 어떤 이들은 의문을 가질 수 있다. 직접 잡아서 전통적 방법으로 분석하면 되는데, 왜 간접적인 방법으로 조사하겠다는 것인가? 이에 대한 답은 '유전물질을 직접 채취하기 위한 포획이 너무 어렵기 때문'이다. 현장에서 직접 조사가 가능하다는 것은 매우 훌륭한 조사 환경이다. 그런데 만약 조사 현장이 언제 어디서 터질지 모르는 지뢰밭이라면? 혹은 민간인 출입이 철저하게 통제되는 DMZ라면? 이러한 이유로 DMZ 생태조사에 환경유전자 분석이라는 최신 방법을 접목하게 된 것이다.

DMZ 생태조사는 일단 위험하다. 그래서 연구자들의 안전 확보와 국가안보의 문제들로 인해 모든 것이 철저하게 통제되는 환경에서 이루어진다. 즉, 직접 조사도 수행하지만 환경유전자 분석으로 보완하여 조사 결과의 신뢰도를 높이는 것이다. 특히 어류의 경우 그 지역 수계 안에서만 서식하고 상황에 따라 다른 지역으로 이동하는 것이 불가능하기 때문에 더욱 더 환경유전자 분석에 적합하다.

환경유전자 분석 원리

그렇다면 환경유전자는 어떻게 분석하는 것일까? 보통 분자유전학은 철저한 멸균 조건 하에 생물에게서 직접 유전시료를 얻어, 정해진 비율의 시약과 방법을 통해 고농도·고순도의 유전인자를 정제한다. 때문에 '환경에 유전물질이 있을지 없을지도 모르는 조건에서 DNA 추출 및 증폭이 가능할까'라는 의문이 들 수 있다.

지구상에 존재하는 모든 생물체는 몸을 구성하는 정보로서 A(U)TCG 네 가지 아미노산의 조합인 유전물질을 가지고 있다. 즉, 우리들이 인식하지 못해도 모든 생물은 주변에 유전물질을 흩뿌리며 살아가는 것이다. "난 아닌데?"라고 생각한다면, 재채기할 때 무수한 침방울과 함께 구강세포들이 뿌려졌고, 땀을 흘리고 화장실에서 볼일을 볼 때도 분자세계에서는 막대한 양의 유전물질들이 뿌려졌다는 사실을 떠올려야 한다.

일반적으로 부모에게서 유전자를 절반씩 물려받는다는 사실은 맞다. 다만, 여기서는 그렇지 않은 유전자도 있다는 것이 중요하다. 세포소기관 '미토콘드리아' 역시 고유의 유전자를 가지고 있으며, 이들은 엄마로부터 물려받는다. 이렇게 유전자를 한쪽에서만 100% 물려받기 때문에 대부분 같은 종끼리는 거의 동일한 부분이 존재한다. 결국 생물이 주변에 흩뿌리고 다닌 유전물질을 모아, 같은 생물 종끼리 공유하는 특정 부분의 유전자를 분석해 종을 구별할 수 있는 것이다.

시료 파쇄 및 유전자 추출
외부에서 가져온 물에서 분자유전학적인 방법을 이용하여 유전자를 추출한다.

세 가지 단계를 거치는 환경유전자 분석

환경유전자를 분석하는 과정은 크게 세 가지로 구분할 수 있다. 첫째, 유전물질을 포함하고 있는 물과 토양 등을 일정량 채취해 필터로 유전물질을 포집(여과)하는 시료 채취 과정이다. 하지만 시료 상태로는 정보를 얻을 수 없어 유전자를 추출·정제하는 두 번째 과정을 거친다. 여기서 얻은 유전물질은 실험에 사용하기에 매우 적은 양으로, 정제와 증폭의 과정도 필요하다. 세 번째는 NGS 기술을 이용하여 유전자를 읽고 분석하여 어떤 물고기의 유전물질인지 알아내는 과정이다. 이 과정들을 필수로 거쳐야만 비로소 환경유전자를 통해 어떤 생물이 서식하고 있는지 알아낼 수 있다.

환경유전자 분석으로 서식을 확인한 다묵장어와 버들가지

멸종위기 야생생물 Ⅱ급인 다묵장어는 성어가 되면 먹이를 섭식하지 않는 특징이 있다. 또 바위 틈새, 모래 속 등 눈에 잘 띄지 않는 곳에 주로 서식하기 때문에 조사할 때 발견하기 어려운 종이다. 그런데 DMZ 내부 한 지점의 환경유전자를 분석하던 중 직접 조사에서는 발견되지 않은 다묵장어의 유전자가 발견되었다. 이에 다묵장어가 서식할만한 지점을 더 주의하여 조사한 결과, DMZ 내부에서 서식하는 다묵장어를 발견할 수 있었다.

이미 서식이 확인된 버들가지의 경우, 국립생태원 연구진은 다년간의 연구를 통해 버들가지가 서식하는 하천을 추정하고 있었다. 하지만 서식이 예상될 뿐 발견되지 않는 상황에서, 이 하천에 실제로 버들가지가 서식하지 않는 것인지 아니면 개체수가 적어 발견되지 않는 것인지 환경유전자를 통해 판별할 수 있었다. 이러한 사례들에서 알 수 있듯, 직접 조사에 제한이 있거나 특정 종의 서식을 확인할 경우 환경유전자 분석은 보완하거나 대신할 수 있는 새로운 조사 기법이다.

환경유전자 분석의 한계

환경유전자 분석이 완벽하기만 한 것은 아니다. 우선 어류는 한 지점을 선정하여 어떤 어류가 서식하고 있는지 확인하는데, 환경유전자는 물에서 유전자를 뽑아내기 때문에 하천 상류에서부터 조사 지점까지 서식하는 전 어류에 대한 조사 결과가 나온다. 한 예로 북한에만 서식한다고 알려진 알락누치의 환경유전자가 검출된 적이 있었다. 그런데 이것이 북한에서 흘러온 유전자인지, 아니면 우리나라에 극소수의 알락누치가 서식하고 있는 것인지 환경유전자 분석의 결과만으로 판단하기는 아직 어렵다. 하지만 DMZ의 하천은 남북으로 연결되어 있어 한반도의 생물상을 이야기할 때는 충분한 과학적 근거로 제시할 수 있다.

환경유전자 분석은 무궁무진한 가능성을 보이는 동시에 한계성을 가지고 있다. 하지만 DMZ 일원의 어류 조사처럼 제한된 지역의 조사에서는 환경유전자 분석과 직접 조사를 병행하여 DMZ 일원의 생물다양성 확인 노력을 지속적으로 해 나갈 것이다.

국립생태원 보호지역팀
엄순재

분자생태학을 전공하고 2014년 국립생태원에 입사하여, 현재는 보호지역팀에서 생태·경관보호지역 정밀조사와 유전 분석 업무를 담당하고 있다.
그동안 주로 실험실에서 연구하였기에 DMZ 조사는 특별한 경험이었다.
DMZ에서 조사가 자유롭지 못한 어류 연구를 보완하며, 동시에 분자유전학을 생태계조사에 활용하는 연구를 하게 되어 큰 보람을 느낀다.
현재 염기서열 검색에 NCBI(National Center for Biotechnology Information)를 활용하는데, 앞으로는 우리나라에서 서식하는 종의 데이터로 비교·분석할 수 있도록 데이터베이스를 구축할 계획이다.

SECTION 3

164 DMZ 문화지대

172 DMZ와 사람들

178 DMZ의 내일

182 세계가 주목하는 DMZ

희망의 땅,
DMZ

희망의 땅, DMZ　　　DMZ 문화지대

더 가까이,
보다 친근하게 즐기는 DMZ

보는 만큼 알게 되고, 아는 만큼 이해하게 되는 건 만고불변의 진리다.
비단 마음대로 갈 수 없고, 그래서 잘 모를 수 있는 DMZ도
예외는 아닐 터. 그래서 정부와 지자체, 민간단체가 힘을 모아 다양한
방식으로 DMZ를 알릴 수 있는 문화를 만들어가는 것은
참 반가운 일이다. DMZ를 제대로 즐길 수 있는 장소와 체험 프로그램,
행사를 소개한다.

박물관 전시실 ⓒ 강원도

DMZ 박물관

한반도 평화를 염원하는 마음을 담아 민간인통제선 지역에 건립한 박물관이다. 1950년 한국전쟁 발발 전후의 모습, 휴전 협정으로 탄생한 DMZ가 갖는 역사적 의미, 원형 그대로의 생태 환경 등을 전시물과 영상물로 재구성해 놓았다. 2층과 3층으로 이루어진 전시실을 돌아보면 6·25전쟁의 발발 원인과 전쟁 경과, 휴전에 이르기까지의 전 과정을 쉽게 이해할 수 있다. 이밖에도 매 시즌 다양한 전쟁 유물과 북한의 모습을 조명할 수 있는 작품들이 기획전시되고 있으며, 야외 공간에는 각종 설치미술 작품들이 전시되어 있다. 특별히 박물관 홈페이지에서는 360도 VR과 나레이션 재생을 통해 마치 박물관에 직접 다녀온 것 같은 온라인 관람이 가능해, 코로나19 시국에도 유용한 학습 자료이자 관광지가 되고 있다.

전시된 전쟁유물 ⓒ 강원도

주소	강원 고성군 현내면 통일전망대로 369
운영 시간	09:00~18:00 (동절기는 09:00~17:00)
휴무일	매주 월요일, 1월 1일
이용 방법	통일전망대 출입 신고 및 교육 후 방문 가능 대중교통이 없고 도보 이동도 어렵기 때문에 반드시 승용차 이용
이용 요금	무료
문의	033-681-0625

외부 전시공간과 전경 ⓒ 고성군

DMZ 생생누리

일반인들에게 생소하게 느껴지는 DMZ를 '보다 생생하게 체험하고 즐길 수 있는 공간'이라는 뜻의 'DMZ 생생누리'. 한국관광공사와 파주시가 DMZ를 지속가능한 관광자원으로 활용하고자 함께 조성한 이 곳은 DMZ와 접경지역의 역사, 생태, 상징, 비전 등 다양한 가치와 매력을 실감미디어콘텐츠로 경험할 수 있는 복합문화공간이다. 1층 체험관에서는 백두대간과 백령도를 VR 시뮬레이터로 여행하는 '드론라이더', DMZ의 사계절을 바닥과 벽면에 복합 연출한 '디지털 사계', 직접 색칠한 동물들이 스크린에서 움직이고 반응하는 '생생동물원' 등을 체험할 수 있으며, 2층 영상관에서는 대형 미디어월을 중심으로 펼쳐지는 다양한 미디어쇼를 감상할 수 있다.

주소 | 경기 파주시 문산읍 임진각로 148-53
운영 시간 | 10:00~18:00 (17:00 입장 마감)
휴무일 | 매주 월요일
이용 방법 | 일일 체험 인원 제한(평일 50명, 주말 70명)이 있어 신청이 조기 마감될 수 있음
이용 요금 | 성인 8,000원 / 청소년·어린이 5,000원
문의 | 070-4123-1393

DMZ 248 ⓒ 한국관광공사

건물 외관 ⓒ 한국관광공사

DMZ 디지털 사계 ⓒ 한국관광공사

DMZ 자생식물원

국립수목원이 DMZ 북방계 지역의 식물자원을 수집·보전하고, 통일 후 북한 지역의 산림생태계 복원을 연구함과 동시에 DMZ 지역의 희귀, 특산식물을 보전하고자 강원 양구군에 조성한 총 18ha 규모의 식물원이다. DMZ 자생식물원은 DMZ와 북방계 식물 중 고산지역에 서식하는 식물을 보전하기 위한 '고산식물원', DMZ 지역의 식물을 수집·보전하는 'DMZ 보전원', DMZ 서부평야지역의 습지, 임진강, 한강의 저층 습지를 보전하기 위한 '저층 습지원', 대암산 용늪 등을 보전하기 위한 '고층 습지원', DMZ의 모습과 전쟁의 흔적 등을 전시하는 'DMZ 기억의 숲' 등 총 5개 전시 공간으로 구성되어 있다.

주소	강원 양구군 해안면 펀치볼로 916-70
운영 시간	09:00~17:00
휴무일	매주 월요일
이용 요금	무료
문의	033-480-3040

북방계식물 전시원 ⓒ DMZ 자생식물원

백두산떡쑥 ⓒ DMZ 자생식물원

식물원 연구센터 ⓒ DMZ 자생식물원

DMZ 생태평화공원

환경부와 육군 제3사단, 철원군이 공동협약을 맺어 전쟁, 평화, 생태가 공존하는 DMZ를 직접 체험할 수 있도록 탐방코스를 제공하는 곳이다. 코스는 성재산 십자탑 전망대까지 트레킹을 즐길 수 있는 1코스(3시간 소요)와 용양보 습지까지 천혜의 자연환경을 관찰할 수 있는 2코스(2시간 소요)로 나뉘어 있다. 방문자센터에는 탐방객들의 편의를 위한 식당과 숙박시설, 샤워장 등이 갖춰져 있으나 민간인통제선 지역의 특성상 예고 없이 통제되는 경우가 있으므로 반드시 사전 예약과 방문 전 확인 연락을 해야 한다.

방문자 센터 전경 ⓒ 강원도

주소 | 강원 철원군 김화읍 생창길 481-1
운영 시간 | 10:00, 14:00
휴무일 | 매주 화요일
이용 방법 | 방문 2일 전까지 전화 예약 필수
　　　　　 탐방객은 출발 시각 40분 전까지 방문자센터 도착
이용 요금 | 성인 3,000원 / 청소년·군인 2,000원 / 어린이 1,000원
문의 | 033-458-3633

2코스에서 만날 수 있는 암정교 ⓒ 강원도

강화평화전망대

2008년 9월 5일 개관한 강화평화전망대는 한강과 임진강, 예성강 물줄기가 서해와 만나는 강 같은 바다를 사이에 두고 북한 주민의 생활상을 육안으로 관찰할 수 있는 곳이다. 민통선이북지역에 지하 1층~지상 4층 규모로 건립되었다. 통유리로 만들어진 3층 전망대에서 바라보면 전방 2.3km 너비의 해안을 건너 좌측으로는 황해도 연안군 및 백천군으로 넓게 펼쳐진 연백평야가 시야에 들어오고, 우측은 개풍군 주민들의 생활 모습과 선전용 위장마을, 개성송수신탑, 송악산 등을 조망할 수 있다.

주소 | 인천 강화군 양사면 전망대로 797
운영 시간 | 09:00~18:00
　　　　　　(17:00 입장 마감, 동절기는 09:00~17:00)
휴무일 | 연중무휴(설과 추석 당일은 10:00 개관)
이용 요금 | 성인 2,500원 / 청소년·군인 1,700원 / 어린이 1,000원
문의 | 032-930-7062

3층 전망대 내부

강화평화전망대 전경

DMZ 국제다큐멘터리 영화제

평화, 소통, 생명의 가치를 다큐멘터리를 통해 널리 알리고자 하는 영화제다. 경기도와 파주시, 고양시가 주최하는 부분경쟁 국제영화제로, 2009년부터 시작해 올해로 14회를 맞이했다. 매년 9월 경기 일산, 고양, 파주의 영화관에서 1주일간 초청작들을 상영하는데, 올해도 40여 개국 130여 편의 다큐멘터리 영화들이 관객과 만났다. 제14회 국제경쟁 부문 대상인 흰기러기상은 쿰아냐 노바코바, 기예르모 카레라스-칸디 감독의 <비극이 잠든 땅>이 수상하였다.

일시 | 2022.09.22.(목)~09.29(목)
장소 | 메가박스 백석, 메가박스 파주출판도시, 고양 아람누리

DMZ 피스 트레인 뮤직 페스티벌

세계적인 대중음악 축제 '글래스톤베리 페스티벌(Glastonbury Festival)'의 기획자 마틴 앨본의 제안으로 2018년 처음 시작된 페스티벌. "음악을 통해 정치·경제·이념을 초월하고 자유와 평화를 경험하자"는 취지에 맞게 헤드 라이너(head liner : 행사나 공연에서 가장 기대되거나 주목받는 출연자) 없이 국적, 장르, 성별, 세대를 넘어서는 라인업을 구성해 큰 호응을 얻고 있다. 2020년과 2021년에는 코로나19의 영향으로 개최되지 못하였으나 올해 6개국 25개팀이 공연에 참여하였다.

일시 | 2022.10.01.(토)~10.02(일)
장소 | 강원 철원군 고석정 일대

DMZ와 사람들

한때 아픔과 두려움의 상징이었던 DMZ는
이제 분단의 역사와 자연의 회복이 공존하는 생명의 땅이 되었다.
냉전의 땅이 70년의 세월을 거쳐 보전해야 할 유산으로 바뀌기까지
때로는 생태계보다 사람 사는 것이 먼저라는 비난을,
임무완수를 위한 긴장을, 1,963개 기관과 62,585명의
교육을 감당하며 DMZ 일원에서 살아온 이들이 있었다.
이제 그들은 긴 세월 차곡차곡 쌓아온 DMZ의 희망을 이야기한다.

30년 넘게 활동한 두루미 할아버지

DMZ 두루미운영협의체 **백종한 회장**

철원에서 농사를 지으며 두루미 보호활동을 하시는데,
두루미 보호에 관심을 갖게 된 특별한 계기가 있었는지 궁금합니다.

1989년에 철원군이 한바탕 난리가 났었어요. 당시 철원에서 두루미가 드문드문 보이기 시작하니까 정부에서 논의도 없이 생태보전지역으로 지정해버린 거예요. 가뜩이나 군부대 지시를 받으며 마음대로 경제활동을 할 수 없었던 농민들이 철새반대운동을 벌이면서, 두루미가 앉지 못하게 땅을 갈아엎고 약을 살포하고... 아휴 정말 충격적이었습니다. 그때 어떻게든 두루미를 보호해야겠다는 생각이 들어서 봉사대를 조직했지요. 그렇게 시작한 활동이 벌써 30년을 넘었습니다.

그동안 두루미 보호활동을 하면서 많은 어려움을 겪으셨겠네요.

두루미처럼 역사적인 새를 보호하는 게 무슨 잘못이라고, 시장이나 기관에 가도 사람 대접 못 받고 '미친 놈' 소리까지 들었습니다. 이발소에서 '미친 놈 머리는 안 깎는다'고 할 정도였으니까요. 가족까지 욕을 먹으니까 나중에는 '주위 사람들 생각을 바꾸기 위해서라도 한번 해보자'는 오기가 생기더라고요. 그런 마음으로 하다보니 지금은 전부 옛 추억이 됐습니다.

요즘에는 두루미운영협의체 활동하기에 상황이 좀 나아졌나요?
사람들 인식이 달라졌으니까요. 이제는 철원군 농민들이 함께 두루미 보호활동을 하니까 정말 행복합니다. 제가 두루미를 보호해서 복을 많이 받는지, 전에는 잔칫집에서 제가 올까봐 꺼려 했는데, 요즘은 주민들도 기관도 너무 와 달라고 해서 고민이 많아요.^^ 그동안 돈은 못 벌었어도 마음만큼은 행복하고 더 이상 바랄 게 없습니다.

오랜 기간 애정을 갖고 두루미 보호활동을 하다보면
혹시 예전에 보았던 두루미가 다시 돌아온 것도 알 수 있나요?
두루미는 먹이활동하고 가족 단위로 생활했던 장소에 다음 해에도 다시 오는 습성이 있습니다. 그 자리가 자기 영역인 줄 아는 거예요. 어느 해에는 다친 두루미를 두고 갔던 수컷 두루미가 다음 해에 다시 돌아와서 함께 있는 것도 목격했죠. 30년이라는 세월 동안 먹이도 주고 살피다보면 자연스럽게 보입니다.

철원을 비롯한 북쪽 지역을 좀 더 개발해야 한다는 분들과 방문하는 분들께
두루미 보호를 위한 당부 한 마디 부탁드립니다.
솔직한 이야기로 철원도 고속도로가 들어와야 되고, 금강산 가는 철길도 이어져야 되지요. 무조건 개발을 안 해야 한다는 건 아닙니다. 다만 두루미 약 8천 마리가 쉬었다 가는데 이들을 보호할 수 있는 환경을 조성하면서 개발을 하자는 것이죠. 이런 것을 무시하고 개발만 앞세우면 우리 곁에 오랜 세월 함께 한 두루미는 영영 사라질 수 있다는 것을 모두 기억해주셨으면 합니다.

두루미 탐조활동 중인 백종한 회장 © 백종한

DMZ의 생태·문화·역사적 가치를 교육하는

한국DMZ평화생명동산 **황호섭 사무국장**

한국DMZ평화생명동산에 대해 간단한 소개 부탁드립니다.
한국DMZ평화생명동산은 강원도 인제군 서화면, 민간인출입통제선까지 2.5km 정도의 거리에 위치해 있습니다. 휴전선까지는 12~13km(직선거리) 정도니까 정말 가깝죠. 2009년 9월 DMZ 일원의 생태계, 역사, 문화를 올바르게 보전해서 그 가치를 널리 알리고, 주민들의 삶의 질을 높이려는 목적으로 개관했고요, 교육관, 전시관, 숙소, DMZ평화생태체험장 등의 시설을 갖추고, 다양한 프로그램을 진행하고 있습니다.

**평화생명동산 교육마을에서 진행되는 프로그램을
좀 더 구체적으로 소개해주세요.**
크게는 DMZ의 생태·문화·역사적 가치와 평화생명통일의 중요성을 주제로 하는 강의, 체험, 현장 탐방으로 나눌 수 있습니다. 세부적으로는 을지전망대, 용늪, 인북천, 향로봉 숲길 등의 탐방 프로그램, 자연에너지와 유기농업 체험, 생물자원 보물을 찾는 에코티어링 등의 체험 프로그램이 있습니다. '나를 바꾸는 밥상', '토종씨앗학교', 군부대와 협력하는 '환경교육 전문 부사관 양성', '생태환경 교사직무연수' 등 특별 프로그램까지 아주 바쁘게 진행되고 있습니다.

생태평화교육을 진행하면서 가장 주안점을 두는 것은 무엇인지요?
첫째는 좋은 밥입니다. 우리 지역에서 생산된 친환경 재료로 정성을 다해 만든 식사가 가장 기본이죠. 다음으로는 교육생과의 좋은 관계가 중요합니다. 환경생태교육은 실천이 중요하기 때문에 환경을 해치는 낭비를 모른 척하지 않고 바르게 가르칠 때 더 큰 공감대를 형성한다고 믿지요. 마지막으로는 공간입니다. 말쑥한 외형이 아니라, 최대한 생태적으로 가꾸고 재생에너지를 사용하고자 노력하고 있습니다.

**전시관, 숙박시설 등이 있어 방문객이 많을 텐데,
오셨던 분들의 반응은 어떤지 궁금합니다.**
일단 밥이 맛있다고 하시고요,^^ 평소 출입이 어려운 용늪과 대곡리 숲길 탐방을 많은 분들이 좋아합니다. 희귀한 야생화나 노루, 운이 좋아 산양까지 보면 정말 감동적이거든요. 자연의 기운을 흠뻑 느끼니 비가 오거나 안개가 껴도 좋다고들 합니다. 학생들에게는 앵두, 오디, 토마토, 수박, 블루베리, 옥수수 등을 수확하는 것이 단연 인기가 높습니다. 바로 먹을 수 있어서 좋아하더라고요.

DMZ 생태·문화 교육 중인 황호섭 사무국장 ⓒ 황호섭

**DMZ 인근에는 관련 시설이 많은데,
한국DMZ평화생명동산만의 특징은 무엇이라고 생각하시는지요?**

가장 큰 특징은 지역 주민이나 다른 기관·단체와 함께하는 것이에요. 'DMZ 평화의길 사업' 준비, 용늪 인근의 13개 마을 국제람사르습지도시 인증, DMZ 일원 생명평화시민연대 설립, 두루미류 공동조사, 'DMZ 일원의 생태계 보전과 지속가능한 접경지역 공동체를 위한 정책' 제안 등 인근 마을이나 여러 기관들과 무엇이든 함께 합니다.

마지막으로 한국DMZ평화생명동산의 향후 계획에 대해 듣고 싶습니다.

지난해 6월부터 유튜브 '평화생명TV'를 운영하고 있는데, 2년 차를 맞아 생태환경 그림책 읽어주기, DMZ 생태 이야기 등을 새롭게 방송할 계획입니다. 또 비대면으로 운영했던 '청소년 DMZ 평화생명 창작영상 공모전'이 10월에 대면 개최되었고요, 장기적으로는 자료를 모으고 분석하고 재가공해서 'DMZ 아카이빙' 구축에 역량을 집중할 예정입니다.

DMZ 유해 발굴 및 생태계 조사를 함께 한
제2작전사령부 근무지원단 김성식 단장

먼저 간단하게 자기소개를 부탁드리겠습니다.
저는 화살머리고지 유해 발굴 및 남북도로 개설 TF의 부팀장을 담당했던 김성식 대령입니다. 2018년 7월부터 12월까지 업무에 참여했고, 당시 유해 발굴 및 도로 개설 현장 통제, DMZ 내 생태계 조사 현장 인솔과 정부 각 기관 및 지자체 담당자 방문 시 현장답사 및 안내 등을 지휘했습니다. 현재는 제2작전사령부 근무지원단장을 맡고 있습니다.

2018년 화살머리고지 유해 발굴이 화제가 되었는데, 발굴 과정을 간단하게 설명해주세요.
먼저 국방부 유해 발굴단과 발굴 가능 지역을 선정한 후 지뢰탐지기, 공압기 등을 이용해 탐지된 지뢰를 제거합니다. 유해 발굴 작업을 시작해 유해가 발굴되면 최초 식별 기록을 하고 보존 처리 및 통제 라인을 설치한 후 세부 발굴 작업에 들어가며, 발굴이 완료되면 최대한 예우를 갖춰 현장 추모식을 거행한 후 유해를 후송합니다.

부대원들과 함께 화이팅을 외치는 김성식 단장(좌측에서 세 번째) © 김성식

**부분 발굴되거나 식별이 불가능한 유해는 어떻게 처리되나요?
화살머리고지 유해 발굴의 성과도 궁금합니다.**
화살머리고지에 묻혀 있을 것으로 추정되는 유해는 약 3천여 구인데, 이 중 424구의 유해가 발굴되었습니다. 유전자 검사 결과 대부분 외국군으로 판별되었는데, 이들은 해당 국가로 송환합니다. 국군으로 신원이 확인된 유해는 총 9구였고, 8구는 국립묘지에 1구는 가족묘에 안장되었습니다. 신원 확인이 어려운 아군의 유해는 국방부 유해 발굴단 신원확인처 봉안소에 보관되고, 적군의 유해는 경기 파주의 적국 유해 집단 매장지에 매장됩니다.

**위험 지역에서 임무를 수행하며, 가장 힘들었던 부분과
기억에 남는 일은 무엇일까요?**
화살머리고지는 6.25 전쟁 당시 치열한 전투가 벌어졌던 곳이라 언제 안전사고가 발생할지 몰라 늘 긴장된 상태로 지휘·통제해야 했습니다. 또 무더운 날씨에도 방탄복과 단독군장을 착용하다 보니 몸이 쉽게 피로해지더군요. 하지만 힘든 여건 속에서도 단 한 건의 안전사고 없이 기한 내 임무를 완수한 게 가장 기억에 남고 특히, 첫 번째 유해가 발굴된 뒤 추모식을 거행했던 순간의 감동은 잊을 수 없습니다.

**DMZ는 오랜 시간 인적이 없어 다양한 생물들이 살고 있을 것 같은데,
관심 있게 보신 생물이 있을까요?**
DMZ 내에서는 산양, 고라니, 딱정벌레와 강원도 철원군 역곡천의 각종 물고기들을 참 많이 보았습니다. 국립생태원 연구자분들과 생태계 조사에 나섰을 때는 역곡천 주변에 수달이 서식하는 것 같다고 해서 난간에 매달려 무인센서카메라를 설치했던 일이 기억에 남네요.

**국립생태원 연구자들과 DMZ 생태계 조사를 함께하면서
느끼신 점이 있다면요?**
저는 DMZ 내에서 생태계 조사가 원활하게 이루어지도록 안내하는 역할을 했는데, 생태 보호를 위해 노력하는 연구자들의 열정과 생태 보호의 중요성을 다시 한 번 느낄 수 있었습니다. 지난해 그때의 인연으로 국립생태원과 육군본부 공병실이 MOU를 체결함으로써 군이 우리나라 생태 보호에도 기여할 수 있게 되어 뿌듯함을 느낍니다. 앞으로도 국립생태원이 DMZ 내 생태 보호에 중추적인 역할을 해주시길 당부드립니다.

희망의 땅, DMZ   DMZ의 내일

독일 DMZ 환경 보전 사례를 통한 한국 DMZ의 보존 방향

글. 카이 프로벨 교수/박사

냉전의 긴장 속에서 하나의 국가를 동과 서의 두 국가로 갈랐을 뿐 아니라, 동독과 서독이 서로를 적대시하는 잔인한 분단 상황을 초래했던 베를린 장벽이 1989년 붕괴되었다. 오늘날 그곳은 독일의 그뤼네스반트, 즉 철의 장막에서 손상되지 않고 보존된 1,393km의 청정 자연지역이다. 냉전시대의 독특한 자연유산이자 문화유산으로 남은 것이다. 이 곳은 9개 연방주를 연결하는 유일한 생태 네트워크이자, 분단의 과거를 상기시키는 기념비적 현장이다. 비정부기구(NGO)인 분트(BUND; Bund für Umwelt und Naturschutz Deutschland e.V., 지구의 벗 독일 소속 환경단체)는 1975년 이후 이 접경지역의 생태학적 가치를 조사하기 위해 정보를 수집하기 시작했고, 1989년부터는 이를 바탕으로 독일 그뤼네스반트 지역의 자연환경 보호와 지역 발전에 앞장서 왔다.

협업 속에서 실행되는 그뤼네스반트 보호

현재 그뤼네스반트의 보호와 개발을 위한 활동은 정부기관 및 지역을 비롯해 수많은 국제 시민단체들과의 협업 속에서 진행되고 있다. 2007년 독일연방정부는 그뤼네스반트 보존을 선도하는 프로젝트인 '국가 생물다양성 전략'을 채택했다. 또 2009년 이후 그뤼네스반트의 보존은 독일연방자연보존법(Bundesnaturschutzgesetz) 제21조에 명시되어 법적인 보호를 받고 있다.

특히 튜링겐주(2018), 작센-안할트주(2019), 그리고 브란덴부르크주(2022)가 독일 그뤼네스반트를 국가 자연기념물로 지정하면서, 1,136km 길이에 달하는 대부분의 그뤼네스반트 지역이 자연뿐 아니라 문화·역사적 유산으로 철저하게 보호되고 있다. 이 지역은 현재 유럽의 전체 그뤼네스반트, 즉, 과거 철의 장막을 따라 펼쳐진 총 12,500km 길이의 유럽 생태 네트워크 가운데 단일 지역으로 보호되는 가장 긴 부분이다. 분트는 튜링겐주 환경부와 함께 등재 신청 서류를 준비 중인데, 그뤼네스반트의 유네스코 세계유산 지정과 등재는 미래를 위한 장기적 목표라고 할 수 있다. 이를 위해서는 초기 단계에서부터 생태 보존과 문화 유산 두 부문의 긴밀한 연계가 필요하다.

함께 만들어가는 생태계 보호

독일 그뤼네스반트의 주민과 환경단체들은 지역 내 생태계의 보존을 위해 협력하고 있다. 특히, 분트와 현지 주민들은 특별 워크숍을 통해 튜링겐 고산지대에 서식하는 다양한 생물 종들을 돌보고 있다. 1990년 이후부터는 지역 주민과 예술인, 환경보호 운동가, 지역 대표, 관심있는 해외 방문객들이 함께 참여하여 살아있는 예술이자 생태학적 기억 프로젝트인 "Baumkreuz Ifta (동과 서를 잇는 상징으로 이프타 마을 근처 구 동·서독 경계에 나무를 심는 캠페인 활동)"를 진행해 왔다. 또한 룀힐트(Römhild) 마을의 주민들은 희귀종 메뚜기를 비롯하여 여러 멸종위기종들의 서식지를 보존하는 활동에 장기간 헌신해오고 있다. 그밖에도 지역 자원봉사자들은 나무 심기 운동에 참여하는 등 다양한 환경운동을 통해 그뤼네스반트를 보존·보호하는 일에 동참하고 있다.

독일 그뤼네스반트(GGB)와 한국 비무장지대(DMZ)의 지리적, 역사적 차이에도 불구하고 - 예를 들어, 지리적 범위(GGB 길이 : 1,393km, DMZ 길이 : 약 248km / GGB 평균 너비 : 130m, DMZ 평균 너비 : 최대 4,000m) - 둘 사이의 공통점도 발견할 수 있다. 민족이 겪은 고통이 자연을 위한 기회가 됐다는 점이다. 어둡고 슬픈 역사적 사건을 기억하지만, 동시에 자연의 다양한 생명을 보존함으로써 희망적 미래를 향해 가는 것이다. 이를 위해 독일과 한국의 생태학자들이 수년간 상호 소통과 교류를 이어오고 있으며, 앞으로도 지속될 것이라 믿는다. 특히 유럽 그뤼네스반트와 DMZ를 유네스코 세계유산으로 등재하기 위한 독일과 한국의 긴밀한 교류가 절실한 시점이다.

카이 프로벨 교수/박사

독일 바이로이트 대학에서 지질생태학 특히 생물지리학을 연구했으며, 1997년에 '프랑코니안 문화 경관에서 자연의 보전 - 동·식물종의 분포 패턴에 대한 생물지리학적 분석'으로 박사학위를 받았다. 1985년부터 바이에른의 분트 자연보호연맹 (BN. 독일 '자연의 벗' 산하 분트 바이에른 지부)에 재직했으며, 현재 BN의 종보호 분과 수장을 맡고 있다. 분트의 독일 그뤼네스반트 프로젝트 창시자로, 2017년에는 그뤼네스반트 프로젝트에 대한 공로를 인정받아 독일 환경재단(Deutsche Bundesstiftung Umwelt, DBU)으로부터 'DBU 환경대상'을 수상했다. 2002년 이후 바이로이트 대학에서 외부 강사로 자연보전 강의를 해왔으며, 2019년 부터 이후 동대학의 명예교수로 활동하고 있다. 2020년에는 독일대통령이 수여하는 '독일연방공화국 공로훈장'을 받았다.

생태계의 보고 DMZ,
어떻게 보존·보전할 수 있을까

아직까지도 미지의 땅이자 금단의 땅으로 여겨지는 DMZ, 개발이냐 보존이냐의 논란도 여전하다. 선택이 아닌 공존의 해법을 모색하고자 각자의 위치에서 고군분투하는 이들, 박진영 팀장(국립생태원 보호지역팀), 심숙경 부위원장(유네스코 MAB한국위원회), 황호섭 사무국장(한국DMZ 평화생명동산)이 모여, DMZ의 가치와 보존을 위한 방향성에 대해 이야기를 나누어 보았다. 단순히 개발을 유보한 땅이라고만 생각했던 DMZ에 대해 다시 한 번 생각해보는 계기가 되길 기대하며.

장소
서울시 중구 서울스퀘어타워

참가자 (왼쪽부터)
심숙경 유네스코 MAB한국위원회 부위원장
박진영 국립생태원 보호지역팀 팀장
황호섭 한국DMZ 평화생명동산 사무국장

스스로 생태 회복이 일어난 곳, DMZ 일원

황호섭 사무국장(이하 황) DMZ가 어떤 곳이냐고 묻는다면 가장 먼저 우리나라 동서로 길게 연결되어 있는 형태가 떠오릅니다. 거기에 백두대간이 교차하고 서해쪽으로 나가면 한강 하구가 연결되기 때문에 그 면적과 연결성이 굉장히 큰 공간이죠. 다른 데보다는 사람의 출입이 제한적이니까 생태 복원도 활발한 곳이고요. 그래서 경관이 얼마나 멋있는 줄 아십니까. 하천에 두루미나 재두루미가 있고 독수리가 나는 모습도 볼 수 있고… 경기도 연천의 사미천, 강원도 인제 인북천 이런 데는 정말 아름답습니다.

박진영 팀장(이하 박) 1953년 이후 출입이 금지된 구역이니 생태계 스스로 회복해왔다고 할까

요. 서부 쪽은 계속 습지와 초원이 만들어지고 있고, 중부 쪽으로는 평야지대, 동부로 가면 하천과 해양이 연결된 복합적인 생태계 특징을 보이고 있습니다. 즉, 특징이 다른 생태계가 연결된 한반도의 가장 큰 생태 통로라고 할 수 있죠.

황— 도라전망대에서 보면, DMZ 안에 아직도 예전 농경지의 흔적이 잘 보여요. 새삼 깨닫는 것이지만 다 사람이 살았던 공간이죠. 그런 곳이 70년 동안 사람의 발길이 끊긴 채 남아 있었기 때문에 다른 데서는 볼 수 없는 형태의 모습들이 나타납니다. 특히 우리나라의 경우 대부분 보호 지역이 산 중심인데, 평야에 숲이 남아 있어서 여우 같은 포유류들은 더 살기 좋은 아주 드문 곳이죠.

심숙경 부위원장(이하 심) 전 세계적으로 봤을 때, 온대 지역이 도시화 산업화가 많이 됐잖아요. 길게 연결된 넓은 생태계가 이렇게 수십 년간 오래 유지되어 온 것은 큰 가치가 있는 것이거든요. 결국 우리나라 안에서의 가치를 넘어 동북아에서의 가치, 세계적인 가치로까지 이어질 수 있을 거라고 봅니다.

(박)— 맞습니다. 온대 지역은 세계적으로 보면 굉장히 인구밀도가 높습니다. 그런데 우리나라에 원시림이라고 표현할 수 있는 지역이 남아 있어서 국제적으로도 굉장히 중요한 가치를 갖죠. 실제 1974년부터 작년까지 DMZ 일원 지역 생태조사 결과를 합하면 생물종이 약 6,526종, 멸종위기종이 약 102종 확인됐습니다. 이 수치는 해양에 사는 종을 제외하면 우리나라 공식 멸종위기종의 42%나 됩니다.

(황)— 정말 놀라운 일입니다. 한반도 전체 면적의 1.13% 되는 지역에 멸종위기종의 42%가 살고 있다니… 서부에는 점박이물범과 저어새도 있고, 두루미류도 7종이 오는데 전 세계적으로 이런 곳이 없거든요. 국립생태원 조사 결과만 보더라도 포유류나 양서파충류는 멸종위기종의 거의 60~70%가 서식합니다.

(박)— 특히 강원도 화천 일대에서 서식이 확인된 사향노루는 그쪽 지역밖에 없고, 발견된 멸

"
앞으로의 10년,
DMZ를 담당하는 센터를
국립생태원 내에 만들고 싶다는
목표를 갖고 있습니다.
"

종위기 Ⅱ급 어류 버들가지는 우리나라 한반도 고유종입니다. 이것이 무엇을 의미하느냐. DMZ 일원은 꼭 보호해야 하는 공간이라는 건데, 요즘 상황이 마냥 낙관적이지만은 않습니다.

(심) — 먼저 민간인통제선의 북상 문제가 있어요. 민원 때문에 민간인통제선이 자꾸만 북상하는데, 보전과 활용에 대한 종합적인 검토와 원칙 없이 이루어지고 있어요. 생태적으로나 장기적인 지역 발전 면에서나 문제인 것이죠.

(황) — 강원도 화천부터는 산악 지역이라서 개발의 위험이 급격하게 커지지는 않아요. 문제는 철원이죠. 철원평야는 두루미가 가장 많이 오는 지역인데, 이미 민간인통제선이 한 번 북상해서 두루미 서식지가 밖으로 많이 나왔어요. 또 북상하게 되면 상황이 심각할 거예요.

(황) — 도로문제도 생태 연결성을 파괴하는 요소 중 하나입니다. 남북으로 만들어진 도로와 철도가 생각보다 많아요. 옛날 철도만 해도 4개 잖아요. 그런데 편리성을 이유로 자꾸 나누고 만들다보면 연결성이 다 훼손돼버립니다. 물론 무조건 금지해야 한다는 것은 아니고요, 최소화해야한다는 겁니다. 굳이 빨리 가겠다고 선형을 직선화하지 말고 최대한 자연과 지금의 모습 유지하는 방향으로 하면 어떨까요? 사람도 동물도 다닐 수 있는 도로, 공존하는 DMZ를 기대해봅니다. 같은 차원에서 문화재나 각종 발굴사업들도 무조건 갈아엎으면 바로 서식지 파괴거든요. 이 문제에 대해서도 함께 공존할 수 있는 방향으로 고민했으면 하는 바람입니다.

(심) — 그렇죠. 생태계 보전을 위해서 뿐만 아니라 활용 면에서도 대책없는 개발은 바람직하지 않습니다. 냉전과 민족분단이 사라진 뒤에 미래 세대들이 역사와 생태계를 배우고 기억하고 즐길 수 있어야지요. DMZ의 가치와 보호에 관한 국민 인식이 많이 높아졌다고 하는데 무엇을 어떻게 보호할 지에 대해 소위 말하는 국민적 합의와 정책적 목표가 보이지 않는 게 현실인 것 같습니다.

(박) — 현장에서 제일 힘든 것이 바로 그 부분입니다. DMZ 문제는 한 부처만의 일이 아니라 국토부, 환경부, 국방부 여러 부처의 사업과 계획이 물려 있다는 것이에요. 그러니까 관련 부처 모두가 오케이를 해야만 정책적 목표가 나온다는 것이죠. 그래서 현실적인 어려움이 있는 것이 사실입니다. 머릿속에만 있는 계획이 아니라 실제 진행이 돼야 효용 가치가 있는 것인데… 그래서 제가 요즘 위가 아니라 아래에서부터 에너지가 위로 올라와주면 오히려 큰 힘이 되겠다는 것을 깨닫고 군부대나 지역민들을 쫓아다니고 있습니다.

(황) — 예전 새만금 갯벌 간척 사업 이야기를 잠깐 생각해보면 좋을 것 같습니다. 새만금간척 사업의 경우 국민의 약 83%가 '하지 말라'는 거였어요. '사업 반대'로 국민적 합의가 된 거예요.

그런데 어떻게 됐죠? 새만금간척사업은 결국 진행됐어요. 왜 그랬을까요? 그 지역의 주민들이 완강하게 해야한다고 주장했기 때문이에요. 제가 이야기하고 싶은 포인트는 국민적 합의 못지않게 지역적 합의가 중요하고, 그런 측면에서 DMZ 일원 지역에 살고 있는 주민들과 많은 소통이 이루어져야 한다는 것입니다. 저희 기관에서 설문조사를 해보면 이제 DMZ 보호가 중요하다는 것은 주민들도 다 알아요. 특히 생태적 가치가 굉장히 크다는 것도 잘 알고 있죠. '그런데 그게 내 삶과는 어떤 연관이 있느냐'가 그분들이 우리에게 던지는 질문이거든요.

박 — DMZ 보호를 정리하면, 일단 국가적 정책 방향과 원칙을 동일하게 잡고 도와 시·군이 예산을 반영하면서 추진 의지를 갖는 것이 먼저, 그다음에 지역민들이 역량을 갖고 아래에서 힘을 보태줘야 합니다. 지역의 풀뿌리 같은 주민들과 소통하면서 무엇이든 그분들 생활에 긍정적 영향을 주는 것이 결국 지역민들의 역량이 되는 겁니다. 독일의 분트에서도 통일이 되자마자 지역에 있던 것들을 대부분 없애버린 것을 가장 아쉬워했다고 하는데, 같은 실수를 하지 않으려면 무엇보다 마을, 주민과 함께 하면서 그분들의 삶과 연관되는 것이 중요합니다.

우리나라 생태계의 대표적 표본이자 역사의 현장, DMZ 일원

박 — 그런데 일부 행정하는 분들이나 주민들이 "도대체 DMZ에 뭐가 있는데? 뭐가 그렇게 중요한데?"라고 반문하는 분들이 있어요. 그래서 제가 아무리 바빠도 일반인 강의는 꼭 하려고 시간을 냅니다. 왜냐하면 알아야 보호도 하고 추진도 하니까요. 얼마 전 울산에 있는 초등학교

파주의 DMZ 관련 조형물

> "
> DMZ 생태계의 조사·연구, 관리, 보전, 정책 수립을
> 수행, 지원하는 전담조직이 필요합니다.
> "

교사들이 DMZ 교육을 받고 싶다고 국립생태원으로 연락이 왔어요. 얼마나 감동을 받았는지… 저는 이런 기회만 되면 DMZ 생태계의 가치에 대해 이렇게 설명합니다. '우리가 개선하고 복원하려면 뭐가 필요할까? 아이들이 위인전기를 보고 따라하듯 표본이 있어야 하는데, 한반도 생태계의 표본이 바로 DMZ다. 만에 하나라도 우리 땅이 엉망이 됐을 때, 한반도의 원형을 지키는 DMZ가 있다면 롤모델을 삼으면 된다.'

(심)— 거기에 더해, 그런 생태적 가치를 더 특별하게 만드는 것이 역사적 배경과 가치라는 점을 이야기하고 싶어요. 비극적인 전쟁과 대립의 역사 속에서 아이러니하게도 생명이 번성하고 독특한 생태계가 긴 세월 유지되어 왔어요. 어찌 보면 DMZ 생태계가 한반도와 세계의 근·현대사의 증인이라 할 수 있죠. DMZ와 유사한 구 동·서독 접경지역의 생태계를 독일에서는 '살아있는 기념물'이라고도 불러요. 역사와 생태를 함께 보고 기억할 수 있다는 거죠. DMZ의 이런 가치를 세계적으로 인정받기 위해 2020년부터 세계유산 등재 준비가 본격적으로 시작됐습니다.

(황)— 지금의 DMZ는 특별하고, 유일하고, 차

별화된 지역입니다. 그래서 다른 나라 사람들까지 관심을 갖는 거잖아요. 솔직히 이 지역을 어디서나 볼 수 있는 곳처럼 똑같이 만들어 놓으면 사람들이 관심을 가질까요? 역사적 현장과 특별한 생태계가 사라져 버리고 도로가 시원하게 뚫린다면 지금처럼 와보고 싶어할까요? 정확한 출처는 모르겠는데, 반듯하게 쭉 뻗은 도로가 중간에 서 있는 나무를 우회해 만들어진 것을 본 적 있습니다. 우리도 바로 그런 생각, 그런 마음이 필요합니다.

(박)— 그렇기 때문에 DMZ 생태조사가 중요합니다. 좀 강하게 표현해서 DMZ 보호가 먹히려면 실질적인 자료가 반드시 필요하니까요. 힘든 점이 많아도 최대한 DB를 많이 구축하기 위해 애쓰고 있는 이유기도 하고요.

(황)— 제가 곁에서 본 바로는 꾸준히 진행되고 있는 DMZ 연구가 굉장히 의미있습니다. DMZ가 중요하고 가치가 있다는 사실 증명을 넘어서, 작년 연구는 앞으로 어떻게 해야한다는 것까지 나왔거든요. 물론 그런 DB가 만들어지기까지 연구자들은 너무 힘드셨을 거예요.

(박)— 어려운 점도 많았지만 먼저 민북 전체 조사를 한번은 마무리하자는 절실함이 강했습니다. 결국 민간인통제선 지역을 생태계 유형으로 5개 권역을 구분 지어 5년 동안 꾸준히 조사해서 〈종합 보고서〉를 만들었고, 그 데이터가 평화의 길 사업이나 정책을 세울 때 자료로 활용됐습니다. 이를 바탕으로 노선 조정이나 제안도 가능했고, DMZ 생태조사의 필요성에 대한 미군 유엔사령부의 인식도 좀 나아지게 됐죠.

롤모델이자 타산지석(他山之石)인 독일

(심)— DMZ 일원에서 일어나는 일들을 보면서 우리와 가장 유사한 과정을 겪은 독일의 경우를 잘 들여다보면 좋겠어요. 모든 일에는 배워야 할 것도 있고 타산지석으로 삼을 것도 있습니다. 독일 통일이 갑작스럽게 이뤄진 것은 아실 거에요. 통일 당시 동·서독 접경지역의 보전이나 활용에 대한 준비가 제대로 되어 있지 않았죠. 그래서 통일 이후 10여 년 동안 정부의 인식과 준비 부족으로 접경지역의 생태·역사적 자원을 효과적으로 활용할 기회를 놓쳐버렸어요. 하지만 다행히 우리나라의 환경연합, 녹색연합 같은 전국적 환경단체인 분트(BUND)와 나부(NABU)가 주도하여 지역민들과 함께 접경지역 생태계 보호에 앞장섰습니다. 지금은 그뤼네스반트라 불리는 구 접경지역의 생태계를 보전하기 위한 제도적 장치도 잘 만들어졌고 교육과 관광 중심지로 발전하고 있죠.

(황)— 2018년에 남북 군사합의로 GP를 철거할 때, 그대로 두자고 했었어요. 그런데 결국 정치적인 이유로 남북이 하나씩만 남기고 폭파시켰어요. 너무 안타까운 현실입니다.

그뤼네스반트에 남아 있는 정찰로(위), 감시탑(아래 왼쪽) ⓒ 심숙경

작센주-바이에른주의 그뤼네스반트(아래 오른쪽) ⓒ Klaus Leidorf

박 — 요즘은 군사 체육 시설로 사용했던 유휴 부지도 생기는데, 할 수만 있다면 국가가 매입해서 복원을 시키면 생태 통로 역할을 할 수 있거든요. 그런데 예산도 들고 정보 공개가 잘 안 되니까 쉽지 않은 문제입니다.

심 — 독일의 경우 통일 후 초기에는 접경지역 토지를 전 소유주나 시장에 매각했습니다. 수익금은 통일비용 등으로 사용했고요. 역사문화재, 환경 분야 사람들이 강력히 반대하자 몇 년 뒤 자연 보전을 목적으로 주정부에 이양하면서 매각이 중단되었지만 이미 많이 팔린 뒤였죠. 통일 이전 전 소유주들의 불만도 엄청 컸고 반환 관련 소송도 많았습니다. 나중에는 생태계 보호나 복원 등 공익 목적으로 정부와 민간단체가 다시 토지를 매입하는 상황이 발생했어요. 우리가 타산지석 삼아야 할 지점입니다. DMZ는 소유 관계 파악이 어려운 토지가 많아 통일 후에 독일보다 더 복잡하고 혼란스러운 상황이 될 거예요. DMZ 만큼은 국·공유화하여 공익 목적을 위해 보전하고 활용해야 한다고 생각합니다.

DMZ 전문 기관의 초석이 되길 기대하며...

황 — 부위원장님 말씀대로 DMZ 일원의 공익적 사용을 위해서는 지금부터 국가 행정의 모든 원칙이 보전·보호 쪽으로 세워져야 하겠죠. 원칙이 같아야 부처별 사업을 이해충돌없이 조율할 수 있을 텐데, 관련 기관들은 벤치마킹할 수 있는 독일의 사례가 있으니 참고하면 좋겠습니다.

> "국민적 합의 못지않게 지역적 합의가 중요하고, 그런 측면에서 DMZ 일원 지역의 주민들과 많은 소통이 이루어져야 합니다."

심 — 최근 독일은 접경지역 전체 약 1,400km를 보호 지역 카테고리에 전부 넣게 됐습니다. 대략 15년이 걸렸는데, 독일 사람들은 소원을 이뤘다면서 정말 기뻐하고 있거든요. 우리도 DMZ 일원의 보전과 지속가능한 발전을 위한 제도적 장치가 필요합니다. 행안부, 국토부, 국방부, 환경부 등 정부부처와 지역사회가 동의하는 국가 차원의 원칙이 하루 빨리 세워져야죠.

박 — 제가 DMZ 업무를 하면서 환경부, 통일부, 국방부, 행안부 등 다양한 부처를 다녔습니다. DMZ의 사업이 계획될 때마다 또는 보전 등을 외치는 민원 등이 발생할 때마다 열심히 서천에서 오르락내리락했습니다. 힘든 과정이었지만 조사한 자료들을 DB로 구축하고 분석해서 자료를 제시하니 긍정적이든 부정적이든 명확히 협의 등을 할 수 있었습니다. 그래서 무엇보다 정책 제안에 기반이 되는 조사 연구에 방점을 찍어 강조하고 싶어요. 국립생태원 내부 자료를 차곡차곡 모으는 것을 기본으로 정치·사회적 상황과는 상관없이 DMZ 생태연구를 계속해야 합니다. 더 나아가 DMZ 생태조사를 정례화하고 자료를 체계화하는 기관이나 조직이 반드시 필요하다는 것을 꼭 말씀드리고 싶습니다.

심 — 제가 꼭 하고 싶었던 이야기가 드디어 나오네요. 지금의 시스템으로는 어려운 점이 너무 많고요, 반드시 전담조직이 필요합니다. 만약 DMZ 연구 조사를 전담하는 분원 정도의 기관이 있다면 조사 결과를 분석해서 정책을 수립하거나 법제화할 때 근거 자료로 폭넓게 활용할 수 있을 텐데… 생태분원이 어렵다면 최소한 담당 부서라도 만들었으면 좋겠어요. 앞으로 전문 인력도 더 필요하니까 장기적인 관점에서 꼭 추진해주시길 바랍니다.

황 — 2005년에도 환경부에서 비무장지대 관련 총리실 산하 기관을 만든다는 이야기가 있었습니다. 그걸 위해서 두 번 정도 회의를 했나. 그러다가 그냥 결과물 없이 끝났어요. 작년에는 꾸준한 연구로 결과물까지 나와서 정책적인 자료로 활용됐잖아요. 센터든 부서든 담당 조직이 만들어져서 그런 자료들이 축적되고, 이를 바탕으로 다음 세대가 DMZ를 보전하고 활용할 수 있도록 그 기회를 남겨두어야 합니다.

박 — 저는 석주명 선생님의 책을 보고 곤충연구자가 되기로 결심했는데, 그 책에 누구든 한 가지 일을 10년 이상하면 전문가가 되고 뭔가를 할 수 있다는 말이 있어요. 2023년은 국립생태원 건립 10년입니다. 저희 연구, 보호지역팀이 그동안 정말 열심히 했거든요. DMZ 관련해서 많은 우여곡절을 겪었지만 10년 세월 동안 그래도 한두 발자국 정도는 나가지 않았을까요? 이제는 앞으로의 10년을 잘 준비해야 하는데, 그 안에 적어도 DMZ를 담당하는 센터를 국립생태원 내에 만들고 싶다는, 만들어졌으면 하는 목표를 갖고 있습니다. 이 목표가 이뤄지는 날까지 많은 관심과 격려로 지켜봐주시면 감사하겠습니다.

APPENDIX

194   DMZ를 둘러싼 한반도 주요 사건
196   용어 색인
200   참고 문헌 및 사이트, 이미지 협조

부록

DMZ를 둘러싼 한반도 주요 사건

1950년대

1950.6.25. 한국전쟁 발발
북한이 38선 전역에 걸쳐 기습공격을 강행

1951.7.10. 정전회담 본회의 개최
개성에서 휴전협상을 시작했으나 군사분계선 설정과 포로 교환방식을 두고 2년 넘게 협상이 진행

1953.7.27. 정전협정 체결
유엔군, 중국군, 북한군 대표 사이에 한국전쟁의 정전협정 조인. 이 협정으로 남북 간의 적대 행위는 일시 정지되었으나 전쟁 상태는 계속되는 국지적 휴전에 돌입, 비무장지대와 군사분계선 설치

1954.4.26. 제네바회담 개최
우리나라와 유엔군 측 참전국가(16개국), 소련, 중국, 북한 대표가 참가하는 회담이 개최되었으나 결실없이 종료

1960년대

1968.1.21. 무장공비 침투사건
김신조 외 31명의 북한 무장공비가 청와대 습격을 목적으로 서울까지 침투

1968.10.30.~11.2. 울진·삼척지구 무장공비 침투 사건
120명의 북한 무장공비가 유격대 활동거점 구축을 목적으로 침투

1970년대

1972.7.4. 7.4 남북공동성명 발표
'자주, 평화, 민족 대단결'을 통일의 기본원칙으로 하는 성명 발표 후 남북 간 공식 대화가 본격화되고 남북적십자회담이 활성화되었으나 곧 중단

1976.8.18. 판문점 도끼만행 사건

1978.10.27. 제3땅굴 발견
경기도 파주

1980년대

1983.10.9. 미얀마 아웅산 폭파 사건

1984.11.15. 첫 남북경제회담 개최
분단 후 처음으로 판문점에서 개최

1985.9. 남북한 고향방문단 서울과 평양 방문

1987.11.28. KAL기 폭파 사건

1990년대

1990.3.3. 제4땅굴 발견
강원도 양구

1991.8.8. 남북 유엔 동시 가입

1991.12.13. 남북기본합의서 합의
제5차 남북고위급회담에서 채택. 남북화해, 상호 불가침,
남북교류와 협력방안 내용 포함

1998.5.16.
정주영 현대명예회장, 판문점을 거쳐 한우 500두 대북지원

1998.11.18. 현대 금강산 관광선 첫 출항

2000년대

2000.6.15. 남북정상회담 및 6.15 남북공동선언
평양에서 열린 김대중 대통령과 김정일 국방위원장의
남북정상회담에서 자주적인 통일과 상호교류,
경제협력 등을 약속

2000.9.18. 경의선 철도 복원 기공식(임진각)

2004.6. 개성공업지구 착공

2004.11.19. 금강산 관광 전용 육로 완전 개통

2007.5.17. 남북열차 시험 운행(12.11. 상시 운행)

2007.10.2.~4. 남북정상회담 및 10.4 남북공동선언
노무현 대통령과 김정일 국방위원장 간 정상회담을
평양에서 개최

2008.7.11. 금강산 관광객 피격 사망 사건 발생
이후 금강산 관광 전면 중단

2010년대

2010.3.26. 천안함 피격사건 발발

2010.11.23. 연평도 포격사건 발발

2011.12.19. 김정일 국방위원장 사망

2013.4.3. 개성공단 폐쇄
(9.16. 재가동 후 2016.2. 다시 중단·폐쇄)

2018.4.27. 남북정상회담 및 4.27 남북공동선언
문재인 대통령과 김정은 국무위원장 간 정상회담을
판문점 남측 평화의집에서 개최

2018.5.26. 남북정상회담
판문점 북측 통일각에서 개최

2018.6.12. 사상 최초 북미정상회담(싱가포르)
완전한 비핵화, 평화체제 보장, 북미 관계 정상화 추진,
6·25 전쟁 전사자 유해송환 등 4개 항에 합의

2018.9.18.~20. 남북정상회담 및 평양공동선언(평양)
비핵화, 군사적 긴장 완화, 경제협력 등 실질적 종전선언에 합의

2019.2.27.~28. 2차 북미정상회담(베트남 하노이)
제재 완화를 둘러싼 이견으로 협상 결렬

2019.6.30. 판문점 남북미 정상회담

2020.6.16. 북한, 개성공단 남북연락사무소 폭파

참고 자료
박은진. 2020. <DMZ 세계유산 등재기반 구축을 위한
접경지 주민 아카데미> 교육 자료 - 한반도 DMZ의 평화, 생태,
그리고 공존.

용어 색인

ㄱ

가는돌고기	34, 35, 124, 131
가락지	85, 88
가래나무	51, 54, 56, 62
갈색날개매미충	114
갈참나무	48, 49, 59
강화평화전망대	170
개구리	68, 71, 78, 112, 144
갯가게거미	151, 155
겨울철새	89, 90, 91, 92, 94, 96
고둔골	34
고라니	76, 77, 80, 83, 177
고려꽃왕거미	153, 154
고성통일전망타워	26, 28, 37
구렁이	108, 109
군사분계선	24, 26, 38, 40, 42, 43, 44, 45, 85, 108
그뤼네스반트	179, 180, 181, 188, 189
금강초롱꽃	55
금개구리	108, 112
금오개미시늉거미	154
기정동 평화의 마을	39, 44
기착지	88, 107
깽깽이풀	57, 58
꾀꼬리	99
꾸구리	124, 127, 132, 133

ㄴ

나도국수나무	60, 61
난장이붓꽃	52, 53
남강	36, 134
남개연	59, 60
남대천	34, 125, 128, 130, 131, 133

남방한계선	24, 25, 26, 40, 43, 44, 85
남생이	32, 108, 110, 113
너구리	78, 79
노동당사	27, 33
노란잔산잠자리	32, 33, 142
노루	77, 80, 82, 174
노린재	120, 140, 143, 144
늑대	67, 68

ㄷ

다묵장어	124, 128, 129, 159, 160
단풍잎돼지풀	64
담비	67, 68, 70, 72, 82
대륙사슴	67, 80
대만꽃사슴	80
대모잠자리	141
대성동	89, 90
대성동 자유의 마을	39, 44
도라전망대	26, 32, 183
독수리	32, 92, 93, 94, 107, 182
돌상어	32, 124, 133
동송저수지	27, 33, 50, 60
돼지풀잎벌레	114
두루미	17, 26, 32, 33, 34, 87, 89, 90, 91, 103, 104, 105, 107, 172, 173, 175, 182, 184, 185
두타연	18, 28, 36, 37, 54, 135, 142
딱정벌레	119, 121, 140, 146, 177

ㅁ

말똥가리	93
맹금류	92, 93, 94, 96, 99
멧돼지	78, 81, 82, 83, 122

멸종위기 야생생물	18, 21, 32, 36, 56, 57, 67, 68, 70, 71, 73, 74, 75, 84, 104, 105, 109, 110, 111, 112, 113, 114, 115, 124, 127, 128, 129, 130, 131, 132, 133, 134, 135, 136, 137, 141, 144, 146, 159	벌매	32, 33, 36, 93, 95
무당벌레	120	복주머니란	57, 58
무산쇠족제비	67	부들	48
무인센서카메라	21, 45, 75, 77, 78, 80, 82, 177	부엉이산누에나방	114, 119
묵납자루	34, 35, 124, 130	북방쇠찌르레기	85
물개	67	북방한계선	24, 25, 40, 43, 44, 85
물거미	149, 150	북한강	26, 27, 34, 36, 56, 125, 126
물방개	30, 114, 115, 139, 143, 146	분트	179, 180, 181, 186, 188
물범	67	분홍바늘꽃	51, 52
물억새	48	분홍장구채	34, 35, 56, 57
물장군	30, 36, 37, 114, 115, 143, 144, 145	불암초	60, 61
물푸레나무	56	붉은박쥐	67
미국선녀벌레	114	붉은배새매	93
미국쑥부쟁이	63, 64	비무장지대	11, 24, 38, 41, 45, 65, 85, 89, 181, 191
미국흰불나방	114	빙애	32, 59
민간인통제선	24, 25, 34, 44, 48, 62, 65, 77, 85, 90, 91, 107, 149, 165, 169, 185, 188	뻐꾸기	102
민통선이북지역	9, 19, 21, 25, 29, 30, 31, 32, 34 36, 40, 44, 45, 48, 65, 66, 78, 80, 82, 83, 123, 124, 126, 128, 129, 130, 131, 132, 133, 134, 135, 136, 137, 151, 152, 153, 154, 170	(ㅅ)	
		사계청소	59, 62, 115
		사미천	26, 32, 110, 125, 127, 128, 130, 132, 133, 137, 142, 145, 182
		사향노루	26, 34, 35, 36, 67, 73, 74, 80, 81, 184
		산명호	27, 33
		산양	26, 34, 35, 36, 37, 67, 74, 75, 80, 83, 174, 177
		삵	67, 68, 69, 81, 82
		상수리나무	48, 49, 59
(ㅂ)		새호리기	32, 33, 36, 37, 93, 94
반달가슴곰	21, 26, 37, 45, 67, 81, 83	생물다양성	18, 21, 66, 71, 108, 160, 180
배띠깡충거미	152, 153	생태계교란생물종	31
배봉천	128, 129, 136	세계자연문화유산	107
버드나무	48, 54, 56	세잎승마	55, 56
버들가지	26, 36, 37, 124, 134, 137, 159, 160, 185	소나무	51
버킷트랩	116, 117, 123	솔개빛염낭거미	151, 152
번식지	88, 89, 90, 95, 105, 120		

용어 색인

송현천	128, 134, 136
쇠딱다구리	101
수달	67, 68, 70, 71, 177
수서곤충	115, 125, 127, 134, 136, 139
수입천	26, 28, 37, 131, 133, 135
스라소니	67, 68
승리전망대	26, 27, 34
신갈나무	48, 51, 54
신나무	48, 54, 56, 62

ㅇ

아까시나무림	56
애기봉전망대	26, 32
애기뿔소똥구리	118, 119
양의대습지	28, 36
어름치	124, 125
여름철새	93, 94, 97, 98, 99, 102
여우	67, 68, 183
열목어	124, 135
열쇠전망대	26, 33
오리나무	36, 37, 51, 54, 62
오색딱다구리	100
오소리	79
오얏나무나방	114
왕은점표범나비	114, 115
외래식물	63, 64
용양보습지	27, 34
원병오	85, 88
원홍구	85
유리산누에나방	114, 116, 123
유엔사령부	19, 21, 188
유전물질	157, 158, 159
유해 발굴	176, 177

은대리	149, 150
은줄팔랑나비	114, 115, 116
을지전망대	26, 28, 37, 174
이동경로	49, 85, 88, 95
인북천	26, 28, 36, 37, 125, 128, 130, 131, 133, 135, 174, 182
임진각	26, 32, 89
임진강	26, 32, 33, 43, 45, 50, 59, 60, 91, 93, 94, 97, 99, 114, 125, 127, 130, 131, 132, 133, 142, 151, 152, 168

ㅈ

자연 천이	51, 56
작은관코박쥐	67
잠자리목	140, 141, 142, 143
장단반도습지	26, 32
재두루미	26, 33, 34, 35, 89, 90, 91, 103, 104, 105, 107, 182
접경지역	25, 39, 44, 175, 179, 187, 188, 190, 191
정전협정	9, 24, 26, 38, 39, 40, 43
지경천	36
집게벌레류	120

ㅊ

참매	36, 37, 93, 96
참산뱀눈나비	114, 115, 118
천연기념물	45, 71, 73, 74, 75, 104, 105, 110, 124, 125, 126, 135, 150
철원평야	50, 89, 90, 91, 99, 102, 185
철원평화전망대	26, 27, 33
청호반새	98
초평도습지	26, 32
측범잠자리	142, 143, 147
층층나무	56, 62

칠성장어	124, 128, 129	호반새	98
칠성전망대	26, 27, 34	화살머리	19, 20, 118, 120, 176, 177
		환경유전자	156, 157, 158, 159, 160, 161

ㅋ

칼조개	140
큰까치봉	52
큰바다사자	67
큰잎쓴풀	52, 53

ㅌ

태풍전망대	26, 33
토교	27, 32, 33, 50, 111
토끼박쥐	67
통발	60

ㅍ

판문점	26, 32, 38
펀치볼	28, 37
표범	67, 68
표범장지뱀	108, 111

ㅎ

하늘다람쥐	67, 72, 73
한국 고유종	30, 34, 112, 125, 127, 130, 131, 132, 133, 134, 149, 153, 154
한국DMZ평화생명동산	174, 175
한둑중개	124, 136
한탄강	26, 27, 32, 33, 34
향로봉	50, 52, 55, 174
호랑이	67, 68, 70

황쏘가리	124, 126
흑두루미	104, 105, 107
흰꼬리수리	32, 33, 93
흰눈썹황금새	97
흰수마자	124, 127

Ⓐ ~ Ⓩ

DMZ 국제다큐멘터리 영화제	171
DMZ 두루미운영협의체	172
DMZ 박물관	165
DMZ 생생누리	166
DMZ 생태평화공원	169
DMZ 자생식물원	168
DMZ 피스 트레인 뮤직 페스티벌	171
eDNA	134, 156, 157
VR	165, 166

참고 문헌

경기도. 2016. <DMZ의 모든 것>. 경기도·경기관광공사. 32pp.

국립공원관리공단 보도자료. 2017년 4월 14일. '새들에게 인식표를 달아주세요!'.

국립생물자원관. 2011. <한국의 멸종위기 야생동·식물 적색자료집 어류>. 국립생물자원관. 202pp.

국립생물자원관. 2019. <국가생물적색자료집 제3권 어류>. 국립생물자원관. 250pp.

국립생물자원관. 2021. <2020-2021 겨울철 조류 동시 센서스>. 국립생물자원관. 268pp.

국립수목원. 2014. <DMZ 인문자연환경 백서>. 국립수목원. 688pp.

국립수목원·녹색연합. 2015. 『DMZ 생태문화지도 - 동물편』. 국립수목원·녹색연합. 116pp.

국립수목원·녹색연합. 2015. 『DMZ 생태문화지도 - 인문편』. 국립수목원·녹색연합. 108pp.

국립수목원·녹색연합. 2018. 『평화와 생명의 DMZ』. 국립수목원·녹색연합. 225pp.

국립환경과학원. 2004. <'99~'04년 겨울철 조류 동시센서스 종합보고서>. 국립환경과학원. 641pp.

김승태, 이수연, 임문순, 유정선. 2015. <한국거미분포지>. 환경부·국립생물자원관. 1624pp.

김익수. 1997. <한국동식물도감; 제37권 동물편(담수어류)>. 교육부. 629pp.

김익수, 김병직, 이용주, 이충렬, 최윤, 김지현. 2005. 『한국어류대도감』. 교학사. 615pp.

김익수, 박종영. 2002. 『한국의 민물고기』. 교학사. 465pp.

남궁준. 2003. 『한국의 거미』. 교학사. 647pp.

매일경제 Citylife 제819호. 2022년 3월 8일. '떠나기 전에 알현하자… 철원 평야의 두루미'.

민주평화통일자문회의 블로그. 2020년 12월 14일. '궁예가 세운 철원성 등 DMZ 역사유적'.

박은진. 2020. <DMZ 세계유산 등재기반 구축을 위한 접경지 주민 아카데미> 교육 자료 - 한반도 DMZ의 평화, 생태, 그리고 공존. 경기문화재연구원. p.4~17.

세계자연기금 한국본부(WWF-Korea). 2016. 『DMZ 철원 가이드북』. 세계자연기금 한국본부. 64pp.

올어바웃. 2020. 『about dmz 액티브 철원』. 올어바웃. 160pp.

원병오. 2001. 『날아라 새들아』. 도서출판 다른세상. 320pp.

원병오. 2002. 『새들이 사는 세상은 아름답다』. 다음. 424pp.

유승화 등. 2007. <두루미류의 차량에 대한 반응 및 방해요인과 먹이자원 사이의 절충>. 한국환경생태학회지 21: 526-535.

유승화, 이기섭, 김수호, 김동원, 김화정, 김진한, 조영호. 2019. <철원지역 두루미류 개체수 증가와 사고사례 및 사망사고 방지 방안> 조류학회지 26권 1호.

임문순, 김승태. 1999. 『거미의 세계』. 다락원. 239pp.

중앙일보 기사. 2019년 5월 12일자. 'DMZ 반달곰 생존 미스터리… 지뢰 냄새로 피한다?'.

채병수, 송호복, 박종영. 2019. 『야외원색도감 한국의 민물고기』. LG상록재단. 355pp.

최기철, 전상린, 김익수, 손영목. 1990. 『원색한국담수어도감』. 향문사. 277pp.

한겨레 기사. 2019년 10월 12일자. '비무장지대 지뢰 제거 '넘지 못할 산' 아니다'.

한겨레 기사. 2021년 2월 1일자. 'DMZ 두루미는 목놓아 웁니다'.

참고 사이트, 이미지 협조

한겨레 기사. 2022년 8월 17일자. '철원 두루미의 '배설물 은혜 갚기'... 매일 천연비료 6포대 뿌린다'.

환경부·국립생태원. 2016. <DMZ 일원의 생물다양성 종합보고서>. 국립생태원. 375pp.

환경부·국립생태원. 2021. <민통선이북지역 생태계 조사 분석자료집>. 국립생태원. 30pp.

환경부·국립생태원. 2021. <민통선이북지역 생태계 조사 종합정리 보고서>. 국립생태원. 552pp.

Kim, H.K., Mo, Y.W., Choi, C.Y., McComb, B.C. and Betts, M.G. 2021. Declines in common and migratory breeding landbird species in South Korea over the past two decades. Front. Ecolo. Evol. 9: 627765.

Won, P. O. 1980. Present Status of the Cranes Wintering in Korea and Their Conservation. Theses Collection, Kyunghee Univ. 10: 413-421.

강화평화전망대
www.ghss.or.kr/user/facilities/tour/ghTower.do

경기도 DMZ 비무장지대
dmz.gg.go.kr

국립생물자원관
www.nibr.go.kr

국립수목원 DMZ 자생식물원 블로그
blog.naver.com/fairy1572

디엠지기
www.dmz.go.kr

디엠지박물관
www.dmzmuseum.com

한반도의생물다양성
species.nibr.go.kr

DMZ 국제다큐멘터리영화제
dmzdocs.com/kor

DMZ 생생누리
blog.naver.com/dmz_live

DMZ 생태연구소
dmz.or.kr

DMZ 생태평화공원
www.cwg.go.kr/dmz_tracking

DMZ 피스 트레인 뮤직 페스티벌
dmzpeacetrain.com